講談社文庫

新装版

苦海浄土《くがいじょうど》

わが水俣病

石牟礼道子

講談社

目次

カバー地図：輯製二十万分一図「熊本県全図」より（参謀本部陸軍部測量局製作。国土地理院所蔵。平凡社『日本歴史地名大系44　熊本県の地名』より転載。輯製二十万分一図は明治十七年に全国で製作が着手された）

苦海浄土——わが水俣病

第一章　椿の海

繋《つな》がぬ沖《おき》の捨小舟《すておぶね》
生死《しょうじ》の苦海《くがい》果《はて》もなし

山中九平少年

年に一度か二度、台風でもやって来ぬかぎり、波立つこともない小さな入江を囲んで、湯堂《ゆどう》部落がある。

湯堂湾は、こそばゆいまぶたのようなさざ波の上に、小さな舟や鰯籠《いわしかご》などを浮かべていた。子どもたちは真っ裸で、舟から舟へ飛び移ったり、海の中にどぼんと落ち込んでみたりして、遊ぶのだった。

夏は、そんな子どもたちのあげる声が、蜜柑畑や、夾竹桃や、ぐるぐるの瘤をもった大きな櫨《はぜ》の木や、石垣の間をのぼって、家々にきこえてくるのである。

村のいちばん低いところ、舟からあがればとっつきの段丘の根に、古い、大きな共同井戸——洗場がある。四角い広々とした井戸の、石の壁面には苔の蔭に小さなゾナ魚《め》や、赤く可憐なカニが遊んでいた。このようなカニの棲む井戸は、やわらかな味の岩清水が湧くにちがいなかった。

ここらあたりは、海の底にも、泉が湧くのである。

今は使わない水の底に、井戸のゴリが、椿の花や、舟釘の形をして累々と沈んでいた。井戸の上の崖から、樹齢も定かならぬ椿の古樹が、うち重なりながら、洗場や、その前の広場をおおっていた。黒々とした葉や、まがりくねってのびている枝は、その根に割れた岩を抱き、年老いた精をはなっていて、その下蔭はいつも涼しく、ひっそりとしていた。井戸も椿も、おのれの歳月のみならず、この村のよわいを語っていた。

湯堂部落の入口の近くに、薩摩境、肥後藩の陸口《りくぐち》番所、水口《みずぐち》番所があったはずであった。入江の外は不知火《しらぬい》海であり、漁師たちは、

「よんべは、御所ノ浦泊まりで、朝のベタ凪《なぎ》の間に、ひとはしりで戻って来つけた」

などという。

御所ノ浦は、目の前にある天草《あまくさ》である。その天草にむいて体のむきを左にすると、陸路も海路も薩摩と交わりあってしまうのである。

入江の向こう側が茂道《もどう》部落、茂道のはしっこに、洗濯川のような溝川が流れ、これが県境、「神《かみ》の川」であり、河原の石に乗って米のとぎ汁を流せば、越境してしまう水のそちら側の家では、かっきりと鹿児島弁を使うのだった。

茂道を越えて鹿児島県出水《いずみ》市米《こめ》ノ津、そして熊本県側へ、国道三号線沿いに茂道、袋、

湯堂、出月《でつき》、月ノ浦と来て、水俣《みなまた》病多発地帯が広がり、百間《ひやくけん》の港に入る。百間から水俣の市街に入り、百間港に、新日窒水俣工場の工場排水口がある。

井戸のある平にそって、板壁、板の間の公民館——青年倶楽部が、朽ちかけて建っていた。潮風の滲《にじ》んだこの小屋は、いつもがらんとして、久しく若者たちが使わないので、年寄りたちがひっそりと感じつづけてきた寂しさがこの建物に集められ、吹きぬけているようだった。青年たちが長く寄りつかない青年倶楽部は、村の生気をいちじるしく欠いてしまうのである。

若者たちが、村に、つまり漁師として、居つかなくなったのは、もうずいぶん前からのことのようである。ことに、水俣病がはじまってからは、元にもどらない。どんなに腕のいい漁師でも、それを親から子へと伝授することはもうできないのだった。

年とった漁師たちは、むっつりとそのことを想っていた。彼らはひとりひとり、自分こそ鯛釣りの名人だとおもい、鉾《ほこ》突きの名人だとおもい、ボラ籠の仕かけに達意しているとおもっていた。そのひとりひとりは、おのれの言葉どおり、他にありようもない名人にちがいなかった。彼らのプライドは、暮らしを支え、魚市場を支え、水俣市民の蛋白源を支え、不知火海沿岸漁業の一角を支えてきたのだから。

板戸の外れっぱなしになっている青年小屋の、ガランとした床の上に、孫を連れて老漁夫が坐っていた。彼の耳は、古いほら貝のように、不知火海にむけてひらいていたが、まなこは曇天のようにとろんと濁り、おそらくその視力では網のつくろいさえおぼつかなくなったので、ちいさな孫を当てがわれたにちがいない。

ひびわれた青年小屋の板の床には、彼の若気の思い出もあるはずであるが、老漁夫は、沖をみたり、孫をみたりして、不安げな、ぼんやりした顔をしていた。這いずりまわる孫は、彼の体力からいえば手にあまるのである。彼は半分ねむっているようであり、這い這いをやめて指をしゃぶったりして、ひとり遊びをしている孫とはもはや別の世界にいるようにみえた。

そんな老いた漁夫の顔は、わたくしの村の老百姓たちの顔つきともそっくりだった。彼らの伜たちも、娘たちも、もう、田んぼの水をいつひくか、いつ落とすか、ある夜には隣の畦《あぜ》のどこを切って自分の田んぼに水を落とすか、そうしたあとの畦を、どう塗りなおしておくか、などということも知らないのである。田植どきの代《しろ》かきにやってくる耕耘機《こううんき》をしげしげとみてとりまき、老百姓たちは嘆声とも怨嗟《えんさ》ともつかぬ声をあげて、

「いやあ、今は、機械持っとる者が殿さんばい。昔は牛や馬なら、一代かかって働けば何とか買えよったばってんのう。機械を買いきればのう、殿さんじゃが」

などといって嘆息し、脛《すね》に吸いついた蛭《ひる》をひっ外し、畦の上にこすりつけたりするのである。

百姓たちが蛭をこすり殺すように、この老漁夫も、股の間に這ってきた舟虫を、杖の先でぷつりと潰《つぶ》そうとしたが、舟虫の逃げ足は、おぼろげな目つきで下される杖の先よりすばやく、お尻の先を半分潰されて、床の上にしみをのこし、ころがり落ちてしまう。

年寄りたちは、子どもたちにゆずり渡しておかねばならぬ無形の遺産や、秘志が、自分たちの中で消滅しようとしている不安に耐えているようだった。朽ちてゆく青年倶楽部のように、彼らの生身もこころも、風化を続けていた。夏の海辺のどこを歩いても、そのような風が潜んでいた。

そんな一昨年の夏を過ぎたある日の午後を私はまた思い出す。一九六三年の秋を。

子どもたちはもうすっかり海からあがり、湯堂の赤土の坂道には秋の影が低くさし、野花がこぼれ、青い蜜柑の匂いが漂っていて、海からも家々からも、何の物音もきこえなかった。撫でたような静寂が、漁家の多いこの部落に訪れる時があるのである。

人びとは沖に出たり、町に下ったり、鶏たちも、とまり木の上で昼寝をしているにちがいなかった。私は息を低くしながら、海にむいた部落の斜面の中ほどにある、九平少年の家の前庭に立っていた。

　珍しく、少年は、家の外に出ていた。

彼はさっきから、おそろしく一心に、一連の「作業」をくり返していた。どうやらそれは「野球」のけいこらしくあったが、彼の動作があまりに厳粛で、声をかけることがためらわれ、わたくしはそこに突っ立ったままで、少年と呼吸をあわせていたのである。

　九平少年は、両手で棒きれを持っていた。

彼の足と腰はいつも安定を欠き、立っているにしろ、かがもうとするにしろ、あの、へっぴり腰ないし、および腰、という外見上の姿をとっていた。そのような腰つきは、少年の年齢にははなはだ不相応で、その後姿、下半身をなにげなく見るとしたら、彼は老人にさえ見えかねないのである。少年の生まれつきや、意志に、その姿は相反していた。近寄ってみればその頸《くび》すじはこの年頃の少年がもっているあの匂わしさが漂っていて、青年期に入りかけている肩つきは、水俣病にさえかからねば、伸びざかりの漁村の少年に育っていたにちがいなかった。彼はちびた下駄をはいていた。下駄をはくということは、彼にとってひとかどの労働であることを私は知っていた。

　下駄をはいた足を踏んばり、踏んばった両足とその腰へかけてあまりの真剣さのために、微かな痙攣さえはしっていたが、彼はそのままかがみこみ、そろそろと両腕の棒きれで地面をたたくようにして、ぐるりと体ながら弧をえがき、のびかけた坊主刈りの頭をかしげながらいざり歩き、今度は片手を地面におき片手で棒きれをのばす。棒の先で何かを探しているふうである。幾遍めかにがつっと音がして、棒きれが目ざす石ころにふれた。少年は目が見えないのである。

彼は用心深く棒きれを地面におくと、探りあてたその石ころを、しばらく愛撫するように、かがんだ膝の間で、その左手に握っているのだった。彼の右手は半分硬直していたから、拳大のその石ころは、彼の左手から少しはみ出し、それはまん丸い石ではなく、少しひょろ長い形をして、少年の不自由な左の掌によくなじみ、石の汗と、掌の汗がうっすらと滲み出ていた。──石は、少年が五年前、家の前の道路工事のときに拾いあてていらい愛用しているものであることを私は後になって知るのである。彼はいつもその石を、家の土間の隅に彼が掘った窪みにいれてしまっていた。ころげて遠方にゆかぬように──。半眼にまなこをとじて少しあおむき、自分の窪みをめざしていざり寄り、ふるえる指で探りあてて、石をしまう少年の姿は切なく、石の中にこめられているゴトリとした重心を私は感じた。

やがて彼は、非常に年とった人間が腰をのばして起きあがるように中腰になったが、左の掌に握りしめていた石を、重々しく空へむかってほうり投げたのである。そして、彼のこれまでの全動作の中ではもっとも素早く、両腕で棒きれを横に振りはなった。腰ががくんとゆれたが、少年はころばなかった。石はあらぬ方にごろりと落ち、棒が振られたときは地面にあったので、それは、あたらなかったのである。

少年は静かに石の落ちた方に首をかしげ、彼のバットで、そろそろと地面をまた探し出す。

昼餉《ひるげ》はとうにすみ、人びとは畑か、漁か、町に下り、部落全体がひとつの真空をつくっていた。石垣や家々や、細くまがった坂道の間から、このような秋の午後は下の入江のポンポン船の音だの、年寄りたちが孫を呼ぶ声だの、コツコツと地面を掘る鶏の声だのがきこえてくるのに、九平少年だけが、ひとりで「野球」のけいこをしている午後の村は、彼のけんめいな動作が、この真空を動かしてゆく唯一の村の意志そのものであるかのように、ほかに動いているものはなにもなかった。地面から息をはなっている草々や、樹々や、石ころにまじって私も呼吸をあわせていた。彼の動作にあわせて。少年はその頸すじにびっしりと汗をかいていた。

ながい間をおいた気がしたが、私は近より、少年の名を呼んだ。

彼は非常に驚いて、ぽとりと棒きれを落とした。なにか、調和が、彼と無音の部落とでつくりあげていた調和が、そのときくずれた。彼は立ちすくみ、家の戸口を探すために方向感覚を統一しようとするらしくみえた。そして、まるで後ずさりに突進するように、戸口の内に入ってしまったのである。

それが、山中九平少年と私との、正式な、はじめての出遭いであった。そして私には、この少年とほぼ同じ年齢の息子がいるのであった。激情的になり、ひきゆがむような母性を、私は自分のうちに感じていた。

山中九平について語るとき、水俣市市役所衛生課吏員氏たちは、困惑ともなつかしさともつかぬ表情を破顔させて、

「山中九平なあ、いやあ、あの九平しゃんにゃ、かなわんばい」

とおっしゃるのだった。市役所衛生課は彼には音《ね》をあげていた。ことに衛生課吏員、蓬《よもぎ》氏は、彼について語るとき目を細め、この少年に一目おいているふうでさえある。

熊本大学医学部の水俣病患者の調査や検診が、水俣市立病院や、さらに現地部落でなされるとき、在宅患者たちにその通達をするのは市役所衛生課である。

衛生課は、患者たちを検診の場所に収容すべき専用バスを持っていた。専用バスの運転手、大塚青年は、あたうかぎり一軒一軒の患家近くまで、狭い部落の道を乗り入れるのである。患家のすぐ近くに来てクラクションを鳴らす。すると、たんぼや、切崖《きりぎし》や、杉木立

や、海沿いの道に、人びとは五人、三人と集まっていたり、家々の路地をゆっくりと出てくるのだった。

母親や、祖父母に抱かれたり、背負われたりしてくる、首のすわらない胎児性水俣病の子どもたちや、おぼつかない足つきの成人患者たちが寄りそって、海辺や田んぼのわきの道に立っているそのような風景は、やはり、ふつうの田舎のバス停の風景とは異なっていた。

そばを通る人びとは、いくらか身を引く気配で、子どもたちの異形の集団をみて、言葉少なに声をかけてとおり、それはあるときは、人びとのやさしさともみえたが、そうでないときもあるのだった。

子どもたちと人びとが立っているというだけで、田んぼも、泥がはねる道も、波の光も凝固し、人びとは実に控えめな、とまどったような、心を深く屈折させたような顔をして、その上に人なつこい笑顔をいつも浮かべていた。

大塚運転手は、この人たちに、

「よう、とも子ちゃん、来たかい」

などと、威勢のいい声をかけるのだった。

そして、この青年が力を入れて、バタンと扉をしめると、バスの中に、微妙な変化が、外の風景の中にいたときの、不安げな様子とはちがう変化が起きるのを私はいつも感じていた。それはおおかた、口のきけない子どもたちのあげる、かすかな声や、なめらかにほぐされてくる大人たちの会話であった。十歳前後になった子どもたちは、母親や祖父の腕の中で、たいがい首を仰向けにがくんと背中の方にたれて、バスの外の景色を感じていた。子どもたちの視力は、まるで見えなかったり、視野が極度に狭められていた。発語を阻止されている子どもたちのあげる微妙な声やその視線からは、みかけの「四肢の異常姿態」つまり、硬直して鳥のようになったかぼそいその手足を、胸に抱くようにしている小さな彼らが、バスに乗せられたことを非常に喜んでいるのがわかったし、大人たちは、そのような子どもたちをみくらべて微笑しあい、心をほぐしたようにおしゃべりをはじめるのだった。

そのようなバスの中の様子は、ことに水俣病発生いらい、人びとが、バスの外の、つまり自分たちが生まれ育ち住みつき、暮らしをたててきた故郷の景色の中に、いつもすっぽりと入りきれないで暮らしてきたことを物語っていた。大塚運転手が、バタンとバスの扉をしめ、

「そうら、行くぞ」

というようなかけ声をかけてハンドルを握ると、人びとは安堵し、なごやかさを取りも

どし、凝固していた外の風景から解きはなたれて、運転手青年の存在などはすっかり忘れてしまったようにみえるほど、自然なバスの中の光景になるのであった。

この青年は、「よう」とか「やあ」とか、かけ声のような挨拶を、返事のできない子どもたちにかけるほかは、おおかたむっつりと口をひき結び、子どものくたくたと扱いにくい体を座席に乗せることを吏員氏とともに手伝ったりして、運転手席に戻ると、目元の微笑を消して、どこかおこってさえ見える顔つきをしていた。それは彼が、不必要なお世辞をひとつも持っていないことを現わしていた。

彼の水俣病の人たちに接する態度はいつもこんなふうだった。彼は押しつけがましく表にあらわれるあの善意というものを、むっつりと武骨な、それでいてどことなく愛嬌のある顔の奥にかくしていた。むしろ彼は、自分でもわからないままに、蓄積されてゆくいきどおりをためこんでいて、始末に困っているようにさえみえる。

それはたしかに、昔から水俣川の上流に住み海辺の友だちと行き来して育ってきた彼の、同じ故郷を持つもの同士への本能的な連帯心のようなものでもあった。水俣病事件に対する水俣市の住民の、幾通りもの微妙な反応の現われ方のうち、彼の態度は、実にもっともであり、それはこの土地をめぐっている地下水のような、尽きぬやさしさをあらわしていた。

水俣病発生当時、青年は、市内のタクシーの運転手をしていた。あの騒ぎの中で、彼は、全国からどっとやってきた報道関係者や、厚生省、「ナニナニ省」などの役人や、国会議員たちや、そしてえたいの知れぬ学者らしき人物などを乗せて走りまわっていたのである。

水俣病で来たなと思える彼のお客の行先は、日窒工場であり、湯の児温泉であり、大和屋旅館であり、それから市立病院であり、市役所であり、さまざまであったが、よそから来て、患家や、部落にせっせと通ったのは熊大医学陣であり、そうしたことを通じて彼なりの判断を水俣病全体に持っているらしくみえたが、みずから進んではそのようなことを口にはしないのである。

市役所衛生課の運転手になった彼のバスに乗りこみ、彼がバタンと扉をしめると、小さな患者たちも、大人たちも、安心して、バスの窓から入る風に、「しのぶちゃん」の頭から、ふわりと小さな花帽子が飛んだということだけでもうバス全体が、はしゃいで笑み崩れるのであった。

昭和二十九年から三十四年にかけて、水俣病の多発した部落の漁家に出生した子どもたちのうち、脳性小児麻痺様の子どもたちの部落集中率の高さがいぶかられていたが、三十七年十一月、水俣病診査会はこれら子どもたちのうちまず十七名を、三十九年三月末に六名を、計二十三名が、胎児性水俣病であると発表した。子どもたちは、母親の胎内ですでに有機水銀に侵されて、この世に生を受けたのであった。

胎児性水俣病の発生地域は、水俣病発生地域を正確に追い、「神の川」の先部落、鹿児島県出水市米ノ津町から、熊本県水俣市に入り芦北《あしきた》郡田浦におよんだのである。誕生日が来ても、二年目が来ても、子どもたちは歩くことはおろか、這うことも、しゃべることも、箸を握って食べることもできなかった。ときどき正体不明の痙攣やひきつけを起こすのである。魚を食べたこともない乳幼児が、水俣病だとは母親たちも思いあたるはずもなく、診定をうけるまで、市内の病院をまわり歩き、その治療費のため、舟や漁具を売り払って借財をこしらえたりしていた。

四年たち、五年たちするうちに、子どもたちはやむをえず、村道の奥の家々に、一日の大半をひとりで寝ころがされたまま、枕元を走りまわる猫の親子や、舟虫や、家の外で働く肉親の気配を全身で感じながら暮らしてきたのである。

いくらか這いまわったり、なまじよろりと立つことのできる子の方がむしろ、配慮を要した。

コタツやイロリの火の中に落ちこんだり、あがり框《がまち》から転げ落ちたりせぬよう、そこらを這ったり立ったりできるほどのゆるみを与えられて、背負い帯などで、柱に、皮脂のうすいおなかをつないでおかねばならない。それでも掘りゴタツに落ちてしまったりして火傷し、縁からおちた打傷など、多少の生傷は、たいていの子どもが持っていた。コタツに落ちても、おおかたの子が助けを呼ぶことはできないのである。

この子たちのうちには、やはり水俣病で父や姉や兄をなくしている子もいるが、父や兄姉のことはおろか、自分が生まれもつかぬ胎児性水俣病であることを、まったく自覚することもできないのである。しかし、兄弟が学校にゆき、親たちが漁や畠に出はらい、がらんとした家の内に、ひとりで柱と体を結びあって暮らさねばならぬことは、子どもたちにとって本意ないことである。

ひとりで何年も寝ころがされている子たちのまなざしは、どのように思惟的な眸《ひとみ》よりもさらに透視的であり、十歳そこその生活感情の中で孤独、孤絶こそもっとも深く培《つちか》われたのであり、だからこの子たちがバスに乗り、その貌《かお》が一途に家の外の空にむけてかがやくとしても不思議ではなかった。洗い立てのおしめを当ててもらい、着物を着かえさせてもらい、肉親の腕に抱きとられる間に、子どもたちはもうバスに乗りにゆくことを、孤独な家の中から外へ出ることを感じ出す。ほぼ十歳前後といっても彼らは例外なく赤んぼのようにあどけなく、バスに乗って病院にゆく、つまり、彼らの家の中よりも異なった「社会」にふれるということへの期待を（もちろん不安とともに）全身であらわしていた。

そのような様子の子どもたちをみるのは、自分たちの死後、この子がどうなるか、と考えざるをえない親たちにとってはいかにもいじらしく、お互いに今はまだ生きていて抱《いだ》きあっているという束《つか》の間《ま》の交感は束の間の慰藉《いしゃ》であるのにちがいなく、専用バスの中は、そのような肉親の情愛がひしひしと切なく、「しのぶちゃん」のご自慢の花帽子が、窓から入る風にふわりと浮きあがり、座席の間の床に落ち、しのぶちゃんがきょとんとしてあらぬ方をみて帽子の落ちたことを知らないで（彼女は目も耳も少しわるいので）いるのがさもおかしい、といっては笑み崩れ、バスが横ゆれにゆれ、一光くんと松子ちゃんの頭がぶつかっても、バス中がドッとはしゃぐのであった。

山中九平少年はしかし、専用バスに乗って検診にゆくことをガンとして拒んでいるのだった。

山中九平、十六歳（昭和二十四年七月生）。水俣市湯堂、父は代々の漁師であったが、三十五年にふとした風邪がもとで死亡。姉さつき（昭和二年生）三十一年七月、水俣病発病、同年九月二日、死亡。

彼は姉さつきより一年早く三十年五月に発病、姉と共に水俣市白浜伝染病院に一時収容されたこともあったが、以後今日まで在宅患者として扱われている。患者番号十六である。老いかけた母親千代(57歳)と二人で住んでいる。

少年は秋と冬と春さきには、たいがい黒い木綿の学生服を着ていて、冬にはその学生服の上に、大きな、チャンチャンコを着ていた。

少年が着ている木綿の縦縞の、袖のないその綿入れは、古びて、厚くごつく、それは漁師の家の暮らしに、深く馴染んでいるものであった。かつて、一家親族あげて、前庭を広げたような不知火の沖に漁に出ていたこの山中家では、もはや、魚を獲って暮らす生活の中身は、何ひとつ見あたらず、かし網や、魚籠や、柄のついた手網《たも》などを吊るしたり、干しならべていた前庭はただだだっぴろく、柿の古木が、ほうほうと丈高い幹の間に風を通し、唐黍《とうきび》の微かな葉鳴りを、その枝の下に抱いていた。

少年の着ている大ぶりの、綿の厚く入れられたかたいチャンチャンコはしかし、潮風を含む暮らしの年月を滲ませており、この家の、十年前までの暮らしを物語っていた。舟の上で父が着、姉が着していた、ゆずり渡しの仕事着を、二人の働き手が死んでしまった今、少年の母は彼女のすったれ——末っ子——に着せているのだった。

野球のけいこを中断された少年は、そのときも綿入れを着ていて、うす暗い床の間にすえてあるラジオの前に坐っていた。

よそから、水俣病患者を視察あるいは見舞いに来るものや、市立病院、熊大関係者や、市役所吏員たちや、そして私のようなえたいの知れぬ者たちがあらわれると、九平少年はラジオの前にガンと坐って振りむかない、ということを私はきいて知っていた。そのときも、まるでずっと昔からそこにいたように、彼はラジオの前に坐っているのだった。私にうしろをむけて、坊主刈りの髪が、肩の張りかけた少年らしいうなじの上に伸び、背中を前にかがめていた。そのようにして、ラジオのスイッチを、カチッ、カチッとまわすのだった。

そんなふうに曲げた背中は、引き絞られて撓《たわ》んだ弓の柄のように、ただならぬ気迫にみちて構えられており、けれども、それは引き絞られるばかりで、ついに狙い定めた的にびゅうと放つことが、まだ一度もできないかなしみに撓んでいるようにもみえる。スイッチやダイヤルを探している彼の左手は、いらだたしいように、小刻みに、ラジオを撫でたり離れたりして寸刻もやすまず、みえない大きなそのまなこは、斜めな空の上にいつも黒々とすえられていた。

「九平くん」

と市役所衛生課吏員蓬氏は声をかける。

振りむかない。

ガクッと体が揺れてダイヤルをまわす。ハシユキオが歌っている。

「九平クン――、熊大のえらか先生の来とらすもんない。行こい、小父さんと」

母親が答えない息子にかわっていう。

「ほんなこてすみません。何べんも来てもろうて」

そして息子の方をみる。

「この世でああた、ラジオいっちょが楽しみですけん」

「はあ、そらそげんでっしょ、学校にも行かれんとですけん」

「九平、九平、市役所ン小父さんの、また来てくれらしたがネ、どげんするかい」

少年は背中を向けたままガクッとダイヤルをまわす。野球が出る。蓬氏は、少年のやり方を知っているので、のんびりと母親にむいて、大声で話す。少年は耳はよくきこえるのである。

「今日の検診な受けといた方がよかですばい。あの、見舞金ですたいな、会社からきよるあれがちっと、雀の涙ンしこでっしょばってん、こんど上がるそうですたい。それで、ほら、重症と軽症と、大人と子どもとにわけて来よるでっしょが。その重症と軽症ば診て、見舞金ば上げる基準にするそうですたい」

「見舞金なあ、上ぐる話はきいとりますばってん」

母親は何かあいまいに、ちょっと笑ってから息子の方を見て、

「熊大の先生方も、よう続かすなあ」といって声を落とす。

「――、すぐにハッと行こうちゃせんとですたい。病院ゆきがああた、いちばん好かんとですもん。何べんか通ううちにゃ、今日はちっと、具合がようなった、目でもぼやっと見ゆるごつなってきた、右手の指がちっとは動くごつなってきたちゅうことでもあれば、ガマ（せい）出して、診てもらおうちゅう気も起きるとですばってん。

かかりはじめの三年間にゃ毎日通うたってすばい。そんときゃ尾田病院に。熊大の先生方もよかしこ診てくれらしたですばってん。薬も注射もいっちょも効きまっせんと。世界にもなかった病気そうですもん。こればなおしきる先生は、おらっさんそうですもんなあ。姉もあげんして死んでしもうたし……」

ラジオの野球場が歓声をあげ、九平君が後をむいたまま何かを口ばしる。私にはよくききとれない。

「柴田ちゅうのがおるそうですなあ、足の早かそうばい。柴田が走ったちゅうて、喜びよっとですがな、野球いっちょがたのしみで、ああた」

「はあ、柴田。あいつは早かですもんなあ、鹿のごて走るそうですたい。九平しゃん、長島はどうや」

ピーピーとラジオがいう。ラジオだけしかきこえないというふうに、少年はガクッと上体を揺って、ダイヤルを廻す。また歌謡曲。十人抜きのど自慢。

蓬氏はこんなふうにして、十人抜きにつきあう。終わる。

蓬吏員氏はサッとあがり框から腰をあげ、

「九平くん、行こうか、バスに乗って、小父さんと」

少年はラジオに向かって手探りを止めず、振りむかず、また野球が出るのである。

彼はたしかに野球にもきき入っていて、球場内のどよめきがきこえると、あぐらに坐ったズボンの中の細い太腿をばたばたさせたりするが、しかしその間も覚つかない右手と、幾分か動かせる左手でいつでもダイヤルがまわせるように、たえずラジオを撫でまわしているのだった。屈《かが》めたその背は、あきらかに闖入者《ちんにゅう》にむけて、総身の力をこめて引き絞られた弓のように、前に撓んでおり、ダイヤルは彼の応答であり、意志表示針であり、ラジオは彼が抱いている撃鉄装置であり、そしてまた彼自身は細心で用心ぶかい嘘発見器そのものに化しているようにみえる。

老いたノロのような眸をした母親は、このような息子を見やりながら、決して咎《とが》めたりはしない。うなずくように、自分にいうように、おだやかにいうのである。

「――見舞金の値上げですなあ、あれがなからんば食えもせんが、うちの九平は、ふつうであればもう一人前ばい。中学あがればここらへんじゃ男ん子はちゃんとした漁師ですけん。見舞金の方は子どもちゅうことでああた、年に三万円。——すみません、野球がああた好きで、自分じゃでけんもんですけん、ああして聴いとるばっかり。ほんに、この世で、ラジオいっちょがたのしみですけん。終われば行きますすじゃろ。なあ九平」

蓬氏は中腰のまま、俺の本来の衛生課吏員という職務は、ここらへんからそろそろ内部分裂を起こし、哲学的深化にむかいよるぞ、と思う。そしてばたりと腰を下ろし、柴田であろうとのど自慢であろうとなんにでもつきあうのである。

市民の忠実な公僕であり、水俣市民のひとりである蓬氏は、運転手大塚青年と同様、控え目ではあるが、水俣病になった人々には全身的につきあっていた。彼の哲学の原理に、少年が突きささってくるのだった。彼は少年に血縁をすら感じているらしいが、中年男の自分の感受性を羞《は》じているので、

「長島がやっぱりいちばん調子のよかねえ。さあと、終わった。あば（そんなら）行こうか九平くん」

などと話しかけるのである。ダイヤルに手をかけている少年は、ようやく後むきのまま重く不明瞭な声で答えるのだ。

「いやばい、殺さるるもね」

「殺さるる？……なんの、そげんこたなか。熊大のえらか先生たちの来て、よう診てくれよらすとぞ。小父さんがついとるけん大丈夫じゃが」

「いや。行けば殺さるるもね」

蓬氏はしばらく絶句する。

そもそも「殺さるるもね」などという発言は、水俣病に対する熊大研究陣の業績や権威や、水俣市行政や、そのリハビリテーション病院（昭和四十年四月に発足した先進的なこの病院は、少年がうんといいさえすれば、ベッドをあけてくれるはずである）が持っている「第三の医学」に対して、はなはだ不穏当で、筋違いの発言であるにちがいない。

けれども、誰の目にも、若々しかるべきこれからの人生を、全く閉ざされているとしかみえぬ少年が、歴代の水俣病にかかわる衛生課吏員氏たちを撃退し、診察も入院もこばみ、その日も歌謡曲十人抜きのど自慢をきいてねばり、プロ野球で時間を稼ぎ、ある日は角力《すもう》でだだをこねたあげくに、後ずさって追いつめられるように吐く「殺さるるもね」という言葉は切迫していた。

その言葉はもう十年間も、六歳から十六歳まで、そしておそらく終生、水俣病の原因物質を成長期の脳細胞の奥深く染みこませたまま、その原因物質とともに暮らし、それとたたかい（実際彼は毎日こけつまろびつしてたたかっていた）、完全に失明し、手も足も口も満足に動かせず、身近に感じていた人間、姉や、近所の遊び仲間でもあった従兄や従妹などが、病院に行ったまま死んでしまい、自分も殺される、と、のっぴきならず思っていることは、この少年が年月を経るにしたがって、奇怪な無人格性を埋没させてゆく大がかりな有機水銀中毒事件の発生や経過の奥に、すっぽりと囚われていることを意味していた。

水俣病を忘れ去らねばならないとし、ついに解明されることのない過去の中にしまいこんでしまわねばならないとする風潮の、半ばは今もずるずると埋没してゆきつつあるその暗がりの中に、少年はたったひとり、とりのこされているのであった。

細川一博士報告書

昭和三十一年八月二十九日
第一回厚生省への報告

熊本県衛生部予防課

一、緒　言

昭和二十九年から当地方において散発的に発生した四肢の痙性《けいせい》失調性麻痺と言語障害を主症状とする原因不明の疾患に遭遇した。ところが本年四月から左記同様の患者が多数発見され、特に月の浦、湯堂地区に濃厚に発生し而も同一家族内に数名の患者のあることを知った。なお発生地区の猫の大多数は痙攣を起して死亡したとのことである。よって只今までに調査して約三十例を得たのでその概要を記述する。

二、疫学的事項

㈠年度別　月別（表）
㈡年齢別　（表）
㈢性　別　男十七、女十三
㈣職業別　主として漁業と農業である
㈤地域別　海岸地方に多い（表）
㈥家族感染
同一家族内に二人以上の患者を出したもの五家族、内一家族は四名を出している。其の他近所、隣、親戚知人等家族間の往来の頻繁の所に多い。
猫との関係
患者の発生した地区の猫は大多数が死亡しているという。

三、臨床症状

㈠症状並びに経過の概観
本症は、前駆症状も発熱等の一般症状も無く極めて緩徐に発病する。まず四肢末端のじんじんする感があり次いで物が握れない。ボタンがかけられない。歩くとつまずく。走れない。甘ったれた様な言葉になる。又しばしば目が見えにくい。耳が遠い。食物がのみこみにくい。即ち四肢の麻痺の外、言語、視力、聴力、嚥下《えんげ》等の症状が或いは同時に或いは前後して表われる。これ等症状は多少の一進一退はあるが次第に増悪して極期に達する（極期は最短二週間最長三ヵ月）。以後漸次軽快する傾向を示すも大多数は長期に亘り後貽症として残る。尚死亡は発病後二週間乃至《ないし》一ヵ月半の間に起るようである。

前駆症状なし

症状（表）

合併症

肺炎、脳膜炎様症状、躁狂状ならびに栄養不良、発育障害等

後貽症

四肢運動障害、言語障害、視力障害（稀に盲　難聴等）

四、検査成績

㈠血液像

Eosinophilie（好酸性白血球の増加）が二―十%位である外異状無し

㈡血清梅毒反応

何れも陰性

㈢血圧

全例に高血圧を認めず

㈣ワイル・フェリックス反応（発疹チフスの血清診断法）

所見無し

㈤検尿検便

所見なし

㈥髄液

所見（表）

㈦肝機能

特に著名な肝機能障害を認めず

五、経過及び予後

予後は甚だ不良で患者数三十名中死亡者十一名死亡率は三六・七％である。死をまぬがれた者殆んどが凡てが前述の後貽症を残す。

六、治療

VB1大量療法副腎皮質ホルモン療法抗生物質コーチゾル、其の他を使用したが其の効果については結論が出せない。

七、結言

一、主要必発症状は四肢の痙性失調性運動麻痺、運動失調、言語障害（断続性言語）であり其の他重要症状は視力、聴力、嚥下等の障害、震顫《しんせん》、精神錯乱等であること。
二、運動麻痺が主であり知覚麻痺は殆んど無いこと。
三、発熱等の一般症状の無いこと。
四、家族ならびに地域集積性の極めて顕著なこと。
五、殆んど凡て後胎症を残すこと。
六、海岸地方に多いこと。

昭和三十一年八月二十九日

熊本県水俣市

新日本窒素附属病院

細　川　一

新日本窒素附属病院のカルテにはじめて書き入れられた患者は柳迫直喜《やなぎさこなおき》である。

氏名　柳迫直喜
年齢　四十九歳
性　男
職業　新日窒水俣工場倉庫係
住所　水俣市多々良
既往歴　著患なし
現病歴　昭和二十九年六月十四日頃から左上膊及び右指のしびれ感、頭重感、眩暈あり、六月二十八日に至りしびれ感増強し口唇に及び、四肢の運動障碍《しょうがい》、特に歩行障碍、言語障碍、視力障碍が現われた。
七月五日に至りしびれ感は全身に及ぶと共に言語障碍及び四肢の運動障碍

増強し、難聴をも現われ、七月五日入院した。

入院時所見

栄養状態は普通、心臓、胸部、腹部には著変はなかった。瞳孔は左右不同症なく対光反射は普通であった。言語障碍及び四肢の運動障碍は顕著で歩行は蹣跚《まんさん》性歩行――（酔っぱらったような歩き方）――である。知覚障碍は胸部より下肢にかけ軽度の知覚鈍麻を認め、特に胸腹部及び膝関節以下に於て強く証明した。膝蓋腱反射は強度に亢進し、バビンスキー趾現象は認めなかった。眼症状として視力減退（右0.4左0.5眼鏡不適）し同心性視野狭窄を認めた。尚眼検査は眼科医に依頼した。血圧は最高120最低80を算した。血液及び脊髄液の梅毒反応は共に陰性であった。脊髄液所見は初圧90耗、外観は水様透明、細胞数は4個、グロブリン反応はノンネ、パンディ共に陰性であった。

入院後の経過

VB_1の内服及び注射を行い経過観察した。入院後一週間位は症状に著変なかったが、七月十三日に至り言語障碍、難聴、運動障碍（書字不能、痙攣性失調性歩行）は急激に増強し七月十四日より精神障碍（時々泣いたり笑ったりする）及び軽度の嚥下障碍も現われた。七月二十四日に至りて発熱（37.3℃—38.1℃）し意識溷濁《こんだく》すると共に顔貌無慾状となり、尿失禁を催す様になった。

其の後はリンゲル、葡萄糖、VB_1、VC、強心剤、ペニシリン療法を行う一方鼻腔栄養を実施して手をつくすも日々に全身衰弱増強し肺炎をも併発して八月六日死亡した。


三十年八月初旬、武田ハギノ、同様症状をもって来院。同年十一月二十二日死亡。この間熊本医大勝木司馬之助《かつきしばのすけ》教授、九州大学遠城寺《えんじょうじ》教授に来診を乞うも不明。

柳迫直喜が死亡したとき細川博士は、ふつうの病気ではなさそうだ、あとが出るのではないかという予感をもった。武田ハギノのとき、去年も出たし今年も出た、やっぱりあとが出る予感がした。結核の審査委員会が月二回ずつ集まっていたから博士は審査委員会にそのことを話した。場所も月ノ浦方面だから調査してくださらないか——。しかしそのときはそのままになった。

三十一年四月初旬〝不明神経疾患患者〟多発。小児科（野田兼喜医師）へ患者がきた。

「——野田さんはよく診た。熊大小児科の長野教授が野田さんの先生だったから、長野先生に先に診せていた。その患者はハシカをやっていた。長野先生はハシカのあとの脳炎だろうと帰られた。ほんとにそのハシカのあとの脳炎でしょうか、と野田さんがいった……。柳迫、武田、に酷似している。地域も寄っていた。これは他にも多くあるんじゃないか、これは調べなければ。事は重大である。内科、小児科、しまいには外科も総動員して一斉調査にかかった。同時に五月一日水俣保健所に野田医師を通じてとどけを出した——野田君保健所に行ってください。ウチだけでできる問題じゃない。僕もあとでゆきます」

はたしてすでにかなり前から出ていた。保健所、医師会、との協力態勢がこのとき生まれた。開業医たちの古いカルテと現地調査によって、既往の患者（死亡者もいた）と新患が続々みつけ出された。このときの調査によって溝口トヨコ（8歳）が第一号とされた。

八月九日、水俣市白浜伝染病院に八名入院させた。

八月十日、熊大医学部へ勝木司馬之助教授を訪問、来診を乞うた。

八月二十四日、熊医大が来てくれた。尚和会館《しょうわ》（チッソ倶楽部）で三十例の調査表を掲示して説明。六反田《ろくたんだ》教授（微生物）長野教授（小児科）勝木教授（内科）武内教授（病理）。患者を学用患者として熊大附属病院に入院させることに決定。

八月二十九日、厚生省への報告書提出。この第一回資料（前記熊本県衛生部予防課報告）は書きなぐった。

この頃、看護婦さんが、手が先生しびれます、といいだした。看護婦さんたちが大勢で来て、先生うつりませんかという。よく消毒して、隔離病院にうつすようにするというと、うつらない証明をしてくれという。このとき手がしびれるといった湯堂部落出の看護婦さんは、あとになって胎児性の子どもを産むことになった。まさかそこまではそのとき思いおよばなかった。

熊大各教室からどんどんどんどん来るようになって、毎日毎日説明ばかりしていた。それで窓口を一本化してくれといった。

九月十五日、日本小児科学会熊本地方会が水俣でひらかれた。野田先生が本疾患について発表した。

水俣市議会、〝奇病問題〟をとりあげる。

十月十三日、熊本医学会。わが院の三隅《みすみ》彦三（内科）医師が発表。このとき猫のことを発表。

十一月、九州医学会（九大）。全部（附属病院）の名前で紙上発表。

三十二年になると熊大が発表しだした。

（細川一博士きき書メモより）

四十四号患者

山中九平の姉、さつき。四十四号患者。

「おとっつぁんが往かしても、さつきさえ生きとれば、おなご親方で、この家はぎんぎん、ぎんしとりましたて」

母親はいつもそういうのだ。

「舟の上でもあれが親方でしたもん。力は強し、腰は強し。あれがカシ網ひくときゃ、舟はゆらっともしよりまっせんじゃった。戦争中に娘になった子じゃったけん。男のごたるかと思えばこまごまと気のくばる子で。あれは踊りの好きな娘で、豆絞りの手拭いば肩にかけて、腰はすわっとったが身の軽うしてな。さつきしゃんが跳んでも、軽業の娘のごとして音もせんちゅうて、青年団の衆のいいよったが。舟の上でも、踊りのさまをして、ようたいよった」

その青年団の踊りの晴れ姿の娘の写真を、彼女とおない年であると名乗った私に、母親はいつもとり出してみせるのである。頰のゆたかな唇のあどけない、けむるようなまなざしをした漁師の娘の青春をわたくしはおもいみる。

湯堂湾の潮の香にむせていた公民館。あの磯のほとりの青年小屋。終戦とともにこの漁村にも〝兵隊〟たちが帰って来た。この村のあとつぎたちが。娘たちはどんなにいそいそとうちふるえるようなはにかみを蔵して、生き残って帰ってきた兵隊たちを、むかえたことだったろう。二十《はたち》前後の〝兵隊〟たちは、骨の髄まではなじみきれなかった〝兵隊〟から脱け出そうとして、上官からなぐられた話や、なぐられて死んだ、弱い要領の悪い町の出身の若者の話などを、熱心にくり返して娘たちの前で話すのだった。青年倶楽部に仕切られたいろりには、渚にうちあげられる流木の巨きな根や、官山の下払いをした松の枝などがいつもくべられて、赤々と夜が更けた。

そのような夜には不思議にあの「赤城の子守唄」や「流転《るてん》」の曲などが若者たちの心にぴったりかなった。そのような唄がどんなに終戦後の村々の心を切なくしたことだったろう。部落部落に青年団が復活してきて青年団主催の盆踊り大会が復活した。集団のおどりを終戦直後のここらあたりの若者たちはまだ知らなかった。

好いた女房に三下《みくだ》り半を
投げて長脇差《ながどす》　長の旅

踊り上手に厚化粧させて舞台にあげ、ときどき止まる蓄音機の拡声器にあわてたりしながら、アセチレンガスをともし、若者たちは村人をあつめベソをかくような目つきで踊りを観ていた。来たるべき解放への原衝動に、若者たちは息を呑んでまだ耐えていた。

終戦から占領体制へ——。

そのようなことは「やくざ踊り」を習い踊って、たちまち野火のように農山漁村に蔓延させた青年男女たちが考えるはずもなかった。抑圧された狂熱のようなものが、非知識階級の間にうつぼつと渦巻きはしっていたことを私は心におぼえている。そのような村の、彼女はスターだったにちがいない。

磯の匂いや草の匂いのする娘たちにむかえられて、ここらあたりの兵隊帰りたちは、徐々に百姓にたちかえり、会社ゆきにたちかえり、漁師に、つまり本来の若者にたちかえっていったにちがいない。

「おとろしか。おもいだそうごたなか。人間じゃなかごたる死に方したばい、さつきは。わたしはまる一ヵ月、ひとめも眠らんじゃったばい。九平と、さつきと、わたしと、誰が一番に死ぬじゃろかと思うとった。いちばん丈夫とおもうとったさつきがやられました。白浜の避病院に入れられて。あそこに入れられればすぐ先に火葬場はあるし。避病院から先はもう娑婆じゃなか。今日もまだ死んどらんのじゃろか。そげんおもいよった。上で、寝台の上にさつきがおります。ギリギリ舞うとですばい。寝台の上で。手と足で天ばつかんで。背中で舞いますと。これが自分が産んだ娘じゃろかと思うようになりました。犬か猫の死にぎわのごたった。ふくいく肥えた娘でしたて。九平も下の方でそげんします。はじめ九平が死ぬかと思うて。わたしもひとめもねらんし。目もみえん、耳もきこえん、ものもいいきらん、食べきらん。人間じゃなかごたる声で泣いて、はねくりかえります。ああもう死んで、いま三人とも地獄におっとじゃろかいねえ、とおもいよりました。いつ死んだけ？　ここはもう地獄じゃろと――。部落じゃ騒動でしたばい。井戸調べにきたり、味噌ガメ調べたり、寒漬大根も調べなはった。消毒ばなあ、何人もきてしなはった。

コレラのときのごたる騒動じゃったもん。買物もでけん、水ももらいにゆけんとですけん。店に行ってもおとろしさに店の人は銭ば自分の手で取んなはらん。仕方なしに板の間の上に置いてきよりました。箸ででもはさんで、鍋ででも煮らしたじゃろ、あのときの銭は。七生まで忘れんばい。水ばもらえんじゃった恨みは。村はずしでござすけん。

さつきがおれば親方じゃが、いまは九平が親方ですもん。あれは自分の心で決めますと、親方ですけん。誰が来ても行きゃしまっせん。治しきる先生のおらっせばゆくちいいますもね」

少年はうしろむきのまま、いつまでもガクッ、ガクッと体を傾けダイヤルをまわす。そうやって少年は、「からいも」の値段について、去年、おとどしの売り値について、母親がことしつくって、出す「からいも」の値段の予想などについて、考えめぐらしているのにちがいなかった。

熊本医学会雑誌（第三十一巻補冊第一、昭和三十二年一月）

・水俣地方に発生した原因不明の中枢神経系疾患に関する疫学調査成績

今般水俣市周辺の漁民部落を中心として続発を見た錐体《すいたい》外路系障害を主兆候とする原因不明の中枢神経系疾患は、その症状が特異的でかつ激烈であり、予後が極めて不良であるところから、忽ち現地の注目を浴びた。本疾患に対する現地の水俣病対策委員会よりの依頼にもとづいて、昭和三十一年九月以降再三にわたり、現地に赴き、患家四十戸並びに対象としてその隣接非患家六十八戸に対しての訪問面接調査をはじめとする綿密な疫学調査を実施した成績は左記の通りである。

・患者発生地域の地理的気象的条件並びに現地住民の生活状況

患者発生の地域は熊本県南端にある水俣市の周辺部落で百間港に接した風光明媚の港湾沿岸地区であり、特に患者の多発しているのはその中、明神、月の浦、出月、湯堂の四部落である。これらの部落は海岸より、比較的急峻な傾斜をもって背後の丘陵地帯に続く狭隘《きょうあい》な漁村部落であり、生業は近海並びに、港湾内での漁獲に従事するものが多い。生活水準は低く、食生活は主食に配給米及び一部自作の麦、甘藷をとり、副食は漁獲の魚貝類を多食するほかは、蔬《そ》菜果実の摂取は乏しい。

・患者発生地域の特殊環境

患者発生地域近傍の特殊環境として存在し、港湾汚染を招来する可能性ありと考えられるものとして某肥料会社の水俣工場、月の浦地区の水俣市営屠畜場、湯堂地区の海中に湧水個所のあること並びに茂道地区に旧海軍の弾薬貯蔵庫、高角砲陣地が存在した事実があげられる。工場よりの廃水は、百間港口へ排出されており、廃水中に含有される無機塩類の分析値（工場技術部の測定）は第十九表のごとくである。また同工場よりの排気には、有毒ガスとしては通常の硫酸工場に発生する亜硫酸ガス並びに酸化窒素が含有されるのみである。屠畜場は月の浦海岸に面した小丘の頂に存し、廃水は真下の海中へ放出される。湯堂地区の海中湧水は、近年湧水状態に変化を認めた事実がなく、同海中で以前より行っている稚鮎の養殖には変化がない。茂道地区にあった弾薬は、終戦後、駐留軍により運搬撤去され、残存部品は某会社により買取られて、海路運搬されておりこれらを海中に投棄した事実は認められない。

・要約

一、患者は昭和二十八年末より発生し、昭和二十九年、三十年には、それぞれ十三名と八名、昭和三十一年には激増し、十二月末までに三十一名、すなわち三ヵ年に合計五十二名発生している。

二、月別患者発生は四―九月に比較的多発し冬季はその発生数が少なく、季節的変動が著明である。

三、患者は年齢別、性別の差がなく、殆んど一様に発生しているが、乳児には発生例がみられない。

四、本疾患の致命率は三三%、症状の経過では長期間不変のものが多く、全治した例は認められない。本疾患の予後は極めて不良である。

五、発生地域は水俣市百間港湾沿岸の農漁村部落に限られ、その発生範囲の拡大は認められない。とくに漁家に患者発生は多く、家族集積率は四〇%と極めて高率である。また同地域飼育の猫は、同様の症状で多数斃《へい》死している。

六、本疾患は共通原因による長期連続曝露を受け発生するものと認められ、その共通原因としては、汚染された港湾生棲の魚貝類が考えられる。

・特に臨床的考察について

病　例　第一例　山中、二十八歳女、職業漁業
発病年月日・昭和三十一年七月十三日
主　訴・手指のしびれ感、聴力障碍、言語障碍、歩行障碍、意識障碍、狂躁状態
既往歴・生来頑健にして著患をしらない。
家族歴・特記すべき遺伝関係を認めないが、同胞六名中八歳の末弟が三十年五月以来同様の中枢神経性疾患に罹患している。
食習慣の特異性なし。
現病歴・三十一年七月十三日、両側の第二、三、四指にしびれ感を自覚し、十五日には口唇がしびれ耳が遠くなった。十八日には草履がうまくはけず歩行が失調性となった。またその頃から言語障碍が現われ、手指震顫を見、時にChorea（舞踏病）様の不随意運動が認められた。八月に入ると歩行困難が起り、七日水俣市白浜病院（伝染病院）に入院したが、入院翌日よりChorea様運動が激しく更にBallismus様運動が加わり時に犬吠様の叫声を発して全くの狂躁状態となった。睡眠薬を投与すると就眠する様であるが、四肢の不随意運動は停止しない。上記の症状が二十六日頃まで続いたが食物を摂取しないために全身の衰弱が著明となり、不随意運動はかえって幾分緩徐となって同月三十日当科に入院した。なお発病以来発熱は見られなかったが、二十六日より三

十八度台の熱が続いている。

入院時所見・骨格は小にして栄養甚だしく衰え、意識は全く消失している。顔貌は老人様、約一分間の間隔をとって顔面を苦悶状に強直させ口を大きく開いて犬吠様の叫声を発するが言葉とはならない。その際同時に四肢の Chorea 様 Ballismus 様運動を伴い軀幹を硬直させ後弓反張《こうきゅうはんちょう》が認められる。体温38、脈搏数は105で頻にして小、緊張は不良、瞳孔は縮小し対光反射は遅鈍である。結膜は貧血、黄疸なく――（略）

入院経過・入院翌日より鼻腔栄養を開始、三十一日は入院当日同様の不随意運動を続けていたが、九月一日になると運動が鎮まり筋緊張はかえって減弱し四肢に触れても反応を示さなくなった。体温39、脈搏数122、呼吸数33で一般状態は悪化した。翌二日午前二時頃再び不随意運動が始まり狂躁状態となって叫声を発しこれを繰り返すに至ったが、フェルバビタールの注射により午前十時頃より鎮まり睡眠に入った。午後十時に呼吸数56、脈搏数120、血圧 70/60 ㎜Hgとなり翌日午前三時三十五分死亡した。

死《しに》旗《はた》

対岸の天草の島々が沖の方に黝々《くろぐろ》と遠のいてみえるときは、水俣の冬もめずらしく寒い。その島々や不知火海に、まっくろい「西あげ」の風足が立っている。

吹きさらしの丘の上の小屋で、仙助老人（79歳、水俣市月ノ浦）が死んだ。海に面した部落の家々は板戸を閉ざし、沖には一艘の舟もみえなかった。

昭和四十年一月十五日。水俣病発生（昭和二十八年十二月、第一号患者溝口トヨ子ちゃん三十一年三月十五日死亡）以来十三年目、水俣病患者百十一名中三十九番目の死者、八十六号患者並崎仙助老人の死は、生涯を貫いた独立自尊のいまわにふさわしく、一夜看《み》とりえた者は、その小屋の袖に庇《ひさし》をかけて住む次女（43歳）ひとりであった。

水俣市立病院、水俣病特別病棟につづく屍体安置室、それに隣あう解剖室にかけつけた市役所吏員、蓬氏と偶然にもゆきあわせたわたくしが、かいまみたのは、ひどくつややかにふっくりとした内臓の切れはしである。

それはようやくこの土地にもなじみ深くなったホルモン焼きのネタに酷似しており、かねがね筑豊廃坑界隈を徘徊し、朝鮮料理についてあやしげな一家言を持ち、仙助老人の小屋の入口から谷ひとつへだてて向かいあう市営屠畜場や、はたまた水俣川下流の僻村トントン村の市営火葬場のガソリン窯の使用法について、アナーキスト風な新知識をぶつ、このひげ柔かい市役所吏員氏は、ひどく稚《おさ》ない声で、

「俺あ、今日は昼めしは食わん」

とつぶやいた。

それよりつい二十日ほど前の日の光景を、私はあざやかに想い出す。

熊本大学医学部の検診が、水俣市月ノ浦、出月部落に出張し、患者の家族で組織している互助会の会長の家に、両部落の在宅患者（種々の事情から、発病以来ほとんど水俣市立病院水俣病病棟に入院できないもの、もしくは病いえぬまま退院してしまったものなど）たちがかれこれ十四、五名、集められていた。

波止《はと》ともいえぬ丘のくびれのとっかかりに、海にむけて、箱を持って来て置いたようなつつましい山本会長宅があり、そのあがり框に、脳波測定器が持ち込まれていた。

三抱えもありそうないかついこの脳波測定器からは、ちょろちょろと、幾本もの尻尾のようなコードがよじれて畳の上に這い出し、その上何やらひくい震動音さえ立てていたの

で、目のみえる幼い患者たちは、ひとめみるなり、母親のふところへ後ずさりした。

母親たちも、マジックマシンじみた大げさなこの機械をみると、気重そうな、けくりと息をつまらせたような顔つきになり、身をひくような姿勢で、機械と「先生方」を見くらべて坐ったのである。

十畳そこそこの家の中は、五、六人の先生方や、ケースワーカーの女性たちや、十数人の患者とその家族たちでぎっしりつまり、山本さんは、火鉢を抱えて、

「ちょっと寒いでしょうかな、裸になるとやけん、えーと、どこにおきまっしょか」

などと気を使って火鉢をずらしながら、病んでいる片方の目をおさえたりするのだった。

床下を風が通りぬけるのか、人でぎっしりつまっている家の中も、その日はなにかうすら寒かった。

その寒さは、また、人びとの真中に置かれている黒くいかつい脳波測定器のまわりの、空気の冷えからもくるようであった。人びとがぎっしり坐り込んでいるにかかわらず、機械のまわりにはぽっかりとすき間ができ、そのすき間のむこうに、先生方が一団、こちら側に、部落の人びとの一団が坐っているのだった。

小児や、主婦や、青年、壮年、老年にいたるまで、おおよその階層を洩れなくあらわし

た人びとであったが、幼い患者や付き添いの家族たちがその表情にとくにあらわしている。脳波測定器への畏怖感は「先生方」や、ケースワーカーの女性たちが、つとめてあらわしている患者たちへの親和感と、きわめて対照的であり、それは、この十年余、生き残った患者たちが、病状の多様化の中で、種々の調査や検査をとおして表わし続けている、健康で普通である世界への、一種の嫌悪感とも受け取れるのだった。人びとは何かひそかに鼻白み、微笑みをたたえていて、小児も、主婦も、青年、老人、とそれらの人々は素人目にも、言語障害、聴覚障害、四肢硬直、脳性マヒ様の無意識状態などが観察され、先生方の種々の検査は、まずそれら障害のため、患者との意志の疎通がまどろこしく——医師の言葉がききとれなかったり、ききとれてもしゃべれなかったりで——遅々として進まなかったが、仙助老人の番になり、いちだんとそれは停止した。

軽度とおもわれる言語、聴覚障害患者たちに、医師は、たとえば、

「コンスタンチノーブル、といってごらんなさい」

という。そしてくり返す。

意識も、情感も、知性も、人並以上に冴えわたっているのに、五体が絶対にスローテンポでしか動かせぬようになったひとりの青年の表情に、さっと赤味が走り、彼は鬱屈したいいようのない屈辱に顔をひきゆがめる。

しかし彼は、間のびし、故障したテープレコーダーのように、

――コン・ツ・タンツ・ノーバ・ロ――

というように答えるのだ。〈ながくひっぱるような、あまえるような声〉で。

何年間、彼はそうやって、種々の検査に答え、耐えて来たことであろうか。そしてまたほかに、どう答えようがあろうか。

「先生方」が問い、彼が答えるという、二呼吸ぐらいの時間が、彼にとってどれほど集約された全生活の量であることか。青年は、その青年期の――それは全生活的に水俣病を背負ってきた時間の圧縮である青年期の――すべてを瞬時に否定したり、肯定しようとしたりして、彼の表情はみるみる引き裂かれ、そのことに耐えようとし、やがて彼の言葉はこわれて発声、発語されてくるのである。そのような体で彼はほとんど一人前と思われるほどの漁師であり、彼が入院しないのは、十人家族の大黒柱であるからであった。先生方は、患者との間にあるこんな二呼吸ぐらいの時間を越えて、患者の心理の内側に入っていって、そちら側から調べるということはできないのだった。それはきわめてあたりまえのことであった。

「今度は、サンビャクサンジュウサン、といってごらんなさい。サンビャクサンジュウサン、と」

先生方は熱心な目付きでそういい、また他の主婦患者が、
「サンバクサンズウサン」
というふうに答え、水俣病になじみの深い医師と患者の間では、徐々に、少し陽気で気はずかしそうな、あのなれあいをかもし出す。そうすることによって、両者は、互いをいたわっているようにみえる。不思議な優しさが両者の間に漂い、患者たちは、自分たちに表われている障害を、あの、ユーモアにさえ転じようとしている気配があるのだった。人びとはお互いの、〈ながくひっぱるような、甘えたようなもののいい方〉や、つんぼぶりや、失調性歩行に困り、いっそ笑い出したりするのであった。患者たちは、先生方のヒューマニズムや学術研究を、いたわっているのにちがいなかった。この、わたしの生まれ育った水俣という土地には、昔からたとえばそんなふうに、遠来の客をもてなすやり方がいろいろとあるのである。

しかしもし、たとえば仮に、その先生が、新しい論文を書くための関心のみで、自分たちを調べたりしていることを感じとれば、患者たちの間《ま》のびした声帯は、ほんとうに、棒か、壁のようにつっぱってしまい、五体不自由なこの人びとが発散するあの不思議なやさしさは消えうせて、両者の間はたちまちへだてられてしまうのだった。

このような人びとの中に、仙助老人は、ひとりで、付き添いなしでやって来ていた。彼

の番がきて、老人は背中をのばし、両手をひろげて膝の上におき、丸く窪んだまなこでじっと先生をみつめる。まなこには白く長い眉がふかぶかと影さし、丸い鼻の下で、唇をへの字に結んでいた。

首ががくんと背中にむけて落ちかかっている、胎児性水俣病のトモ子ちゃんを抱いて坐っている若い母親が、抱いたその娘ながらに身を乗り出し、

――じいちゃん、じいちゃん、今日はひとりで来なはった？

と声をかけ、

「先生、このじいちゃんな、耳もよっぽどきこえらっさんし、口もちっと、不自由にあんなさっとですばい」

そう声高にいうのだ。

若い真面目な先生は優等生のように向きなおり、少し高い声で、

「お　じ　い　さ　ん、き　こ　え　ま　す　か」

と、口を大きく動かす。部屋中がしんとする。

「ワ　シ　ン　ト　ン、といってみてください」

老人は長い眉毛のかげでまばたき、ぶっすりと
――あんまりふとか声でおめけばいちだんときこえん――

と呟く。

静まりかえっていた女房たちは、あら、と声をあげ、

──今日は、きこえらしたもんじゃ、と笑いあうのだ。若い先生も少しわらって、今度はふつうの音程で、

「ワシントン、といってみてください」という。

すると仙助老人は、先生の声だけが、まっすぐに、風の工合で耳に入ったというふうに、女たちの笑い声には、反応を示さない。

寝かされた女児たちの頭に刺されていた測定器の幾本もの針が抜きとられやがて、仰向けになった老人の、すべすべと地肌の光っている白髪の丸刈頭にその針は刺しかえられ、テープで地肌にとめつけられ、いかつい脳波測定器の微動音が送られてゆくのであった。

自若《じじゃく》として動かない老人。彼はたしかに老人には違いなかったが、丸い頭と、丸い顔と丸い目のためばかりでなく、体ぜんたいに、稚気ともいえる若さを残していた。

黒光りしてぬっと差し出されている彼の脛《すね》と、それに続いている裸の全身の、そこだけくっきりと色変わりしている太く厚いあしのうらは、ながい労働の年輪を誇示していた。畳の上にたれた福耳は、南九州の漁村によくみかける長寿者の相をしていた。九十歳にして刺子《さしこ》の丹前を縫う針のめどをとおし、百歳に達して、漁の天気をその嗅覚で占うたぐい

の人間であったにちがいないのだ。仙助老人がそうやって、グロテスクな測定器にとらわれるようにして仰向けに寝ているということは、いかに彼が自若としているようにみえても、それは天然自然に反していることである。いわれなく処刑されつつある人間の像をみるように、私は仙助老人をみていた。

先生方は、老人をいたわって、おじいさん、寒くありませんか、という。老人はその気配を感じるとぶっきらぼうに、いいや、とくり返すのだった。水俣病にかかった七十四歳まで、生まれてこのかた、彼は病気というものにかかった覚えはなく、「医者殿《どん》」に体をさわられたことなどなかったのである。兵隊検査の時のほか「一ぺんも医者殿にかかったことのなかった体ぞ」というのが、ついぞ老人性の自慢話というものを、しなかった彼が、ただひとつ、その丸い鼻先でみずからの鼻毛をふくようなぶっちょう面で話した自慢話であったことを、村の人間は今でも覚えている。

「この病《びょう》にさえかからんば、あん爺さまは、きっと百まで生きらす爺さまじゃったよ」と女房たちは彼の死について語るとき、必ずつけ加えるのである。

彼の全身が異形とも思われるほど黒光りしていたのは、生涯の風呂ぎらいであったからである。風呂に入れとすすめる娘を軽侮するようにみていつもいったことは、

「お前どんがごつ、病弱ごろならいざ知らず、今どきの軍隊のごつ、ゴミもクズもと兵隊

にとっておらんじゃったころに、えらび出されていくさにとられた飛びきりの体ぞ。兵隊ちゅうても兵隊がちがうわい。風呂のなんの入らるるかい。ふやくる!」

選び出されていくさにとられたとは青年の時期の日露戦役のことであり、風呂を使わなかったといっても彼は、蚤とり粉や、DDTのたぐいを、終生とりでのように、寝床の周辺に振りたててねむったのである。彼の衛生思想および一風変わった生活信条には彼なりの条理が通り、それを貫こうとしていた。

隣近所とも、息子たちとも、娘たちとも、村とも、村という地域共同体そのものともつきあいをこばみつづけ、忘れ去られようとしていた彼が、再び月ノ浦部落の人びとの目にあざやかな存在として想い出されたのは、彼が、生涯の終わりになってから水俣病にかかったからである。

「おれえ! 仙助爺さんも水俣病にならったちぞ」

「そげんいやあ、あんわれ(あの人)も、ぶえん(無塩のとりたての魚のさしみ)の好きな人じゃったでのう」

人びとは仙助老人が、毎日三合の焼酎を買いに、線路をのぼった道の上の店にゆく時刻を思い出した。あまりに毎日きっかりと、午後四時半に彼が出てゆくので、その姿は線路に沿う土手の先の、夕陽を散らした海を背にしている茅の葉の中の風景と化してしまい、いつ頃からそうなっていたのか、人びとは思い出せないくらいであった。人びとは爺さまが「焼酎の肴には、ぶえんの魚の刺身でなければいけない」としていたことも思い出した。

——海ばたにおるもんが、漁師が、おかしゅうしてめしのなんの食わるるか。わが獲ったぞんぶん（思うぞんぶん）の魚で一日三合の焼酎を毎日のむ。人間栄華はいろいろあるが、漁師の栄華は、こるがほかにはあるめえが……。

そして人びとは次々に思い出すのだ。

「いやあ、あん爺さまの水俣病にならしたら、まこて、時計の不自由になったわい。わが家の時計のネジを巻かんばならん」

めったに村や部落共同体に口をきかなかった爺さまの控えめな教訓がひとつあった。

「時計ちゅうもんは何のためにあるか」

村人たちは、つい最近まで彼が海を見はらす前庭に七輪を持ち出し、火を起こす気配《けはい》に、「爺さまのお茶の時間じゃ。もう六時ぞ」と起床し、昔は、彼がまだ達者で、漁に出かけていた頃は、まだ明けやらぬ部落の下の磯から、ひたうつ波のあいまに、ゴトゴトと船具の音がきこえるのにめざめ、「ほら、ほら、仙助どんの沖に出らすで、もう五時ぞ、起きんかい」といっていたものであった。

ふたときばかりおくれて啼いたりするあくびまじりの部落の鶏より、ねじをかけ忘れる家々の時計より、仙助老の暮らしにあわせた方が、万事が、きちんと進行していたのである。

彼はいつも身辺に古びた一個の枕時計をおき、眼下に見下ろせる新日窒水俣肥料工場が鳴らすサイレンにあわせて、朝の六時と、昼の十二時、そして夕方の四時に、きっちりとネジを巻く。朝水を汲みお茶をわかし、十二時には炊きあげた飯をたべ、午後四時半には、線路をこえて上がった道のべのなんでも屋の店に、焼酎をのみにゆく。それはゆうゆうとしていて一分といえども、たがうということはなかった。

隣で夕餉の鰯をどのくらい焼いたか、豆腐を何丁買うたか、死者の家に葬式の旗や花輪が何本立ったか、互いの段当割《だんとうわり》はいくらか、などといったことが、地域社会を結びつけているわが農漁村共同体である中で、たとえば、ひと昔前までは村はずれの観音堂の乞食でさえ、村との交わりにおいてひとつの確固たる存在でありえた土地で、生粋の土地人でありながら、まったく隣とも、部落とも、肉親とも、日常の行き来をせずに、しかも「村時計」の役目を果たしながら暮らしえた人間がいたにしても不思議ではなかった。

人びとはむしろ、そのようにしてひとりで暮らしている仙助老のことを「昔でいえば、仙人のごたる暮らしじゃなあ」と考えていた。いや、ひょっとすると、とある事情をもっていて、彼は自分の生涯と、他の人間との相対関係をみずから棄捨し、全生活的な黙秘権を行使しようとし、それを、ある種の風流に転化しようとしていたふしがある。

明治二十年（一八八七）九月、熊本県最南端、水俣村に生まれ、彼は生涯この土地を離れることなく死んだが、薩摩と肥後の藩境を出たり入ったりした屯田兵の村で、彼が出陣の踊りである「棒踊り」の、たぐいまれなうたい手であったことを、人びとは思い出すのだ——。仙助どんの唱わんごてならいてから、おもえば、棒踊りも気の抜けてしもうた——と。

国は近江《おうみ》の
石山源氏
源氏むすめのその名は
おつや
おつや七つで遊びに出たら
遊びもどりにものたずねます
同志の親さま
両親ござる

わしが父上どうしてないか

彼の節廻しとともに、白鉢巻に白の上衣、縞の袴をつけた美々《びび》しい若者たちの一団が、短い木刀や棒や、わらじの足をそろえて村の道を舞い、はるかな土埃《つちぼこ》りとともに樹々の緑の中に消え去ったことを。

字《あざ》名で区切る地区ごとに、馬頭観音やえびす様や「殿サン」をおくことの好きな村で、屯田の地侍とはいえ、頭《かしら》の格のある家に生まれた仙助老が、舟板がこいの小屋に晩年を送ったのは、彼が親ゆずりの山畑を一代できれいに呑み潰したからであった。十人近い子女に文字どおり一きれの美田をも残さなかったかわりに、どの子からもみごとに保護を拒絶したのである。村じゅうの女房たちが、彼の小屋住まいを放蕩《ほうとう》無頼《ぶらい》のなれの果て、などというふうにいわぬについてはわけがある。

十年前、破傷風がもとで五年間寝つき、他界した妻女を、子供たちの手をいっさい借りることなく、こまやかに看とり終え、野辺の送りをしたころの彼の働きについて、彼女たちはほとほと親密な情をよせていうのだ。

「ただの酒呑みとは違うとったばい。女《おなご》でもかなわんような働き者じゃったで。朝の水汲み、炊事、洗濯、薪《たきぎ》とり、漁に出る、畑をする。病人の裾《そそ》の始末。裾の始末ばなあ、やり終えらした。たいていの女もああは働かん。ムコどんの鑑《かがみ》のあるとすれば、あげん爺やんばい」

「指の先ほども他人に頭を下げん気の見えとったばい。生活保護じゃろと、水俣病の銭じゃろと、子どもたちが欲しければ持って行ってしまえちゅうふうじゃった。昔このへんのトノサンの末孫じゃったげなで、そうした気位のあったばい」

爺やん、あんた、百までも生きるような体しとって、腰ちんば引いて。石もなかところで、ぱたっとこけたりするとは、そらきっと水俣病じゃ。あんた目えにはまだ来んかな、目えはまだどげんもなかかな、こう爺やん。

だいぶ耳もきこえんごつなっとらす。爺やん、爺やん、さあ起きなっせ、こげな道ばたにつっこけて。あんた病院に行って診てもらわんば、つまらんようになるばい。百までも生きる命が八十までも保てんが。二十年も損するが。

なんばいうか。水俣病のなんの。そげんした病気は先祖代々きいたこともなか。俺が体は、今どきの軍隊のごつ、ゴミもクズもと兵隊にとるときとちごうた頃に、えらばれていくさに行って、善行功賞もろうてきた体ぞ。医者どんのなんの見苦しゅうしてかからるるか。

そるばってん爺やん、ほらほら、せっかくの焼酎がいっこぼれてしもうて、地《じだ》が呑んでしもうたが。こげんところでつっこけて。目えもどげんかあっとじゃなかろうか。

水俣病、水俣病ち、世話やくな。こん年になって、医者どんにみせたことのなか体が、今々はやりの、聞いたこともなか見苦しか病気になってたまるかい。水俣病ちゅうとは、栄養の足らんもんがかかる病気ちゅうじゃなかか。おるがごつ、海のぶえんの魚ば、朝に晩に食うて栄華しよるもんが、なにが水俣病か——。

しかし彼は、七十になってから妻女の野辺を見送ると、なにか不承不承に生きているふうになり、みずから決して他家や子女たちの家の敷居をまたぐことなく、したがって訪うひとりの客をも固辞して、一日、二合か三合の焼酎と、丹念にこしらえる魚を食し、酔いを発すると端座して、剣豪列伝風の小説、雑誌を、うとうとと読んでいた。

妙なこつじゃが、と前置きして、ある日彼は、だれにいうともなくいった。

「むこうから三人づれの人の来よらすとすると、真ん中の人間は見ゆるが、横の二人は、首ばあちこちせんば見えんが。目のかすんだちゅうともちごうとる」

やっぱり目えに来たばいな。そら水俣病じゃ。

爺やん、あんた七十になってから、よめごの永病ば看病しあげてあの世に送りやって。それからちゅうもんな、なんもかんもほたくりやってしもうて、なあんもせんとがこの世に残った栄華ちゅう面して。焼酎だけにゃ、いよいよ煩悩のゆくふうで、これがあるために生きとる栄華かな。親の家は子どんが家じゃが、子どんが家は他人の家。ましてもともとひとさまの家にゃ、おるも行かんかわりに、だあれもくんな。だあれからも死に水のなんの、取ってもらわんちゅうて家を出られんこんわれ（このおまえ）が焼酎買いにだけは四時半きっかりに出てゆかす。あんた、ようひとりで徒然《とぜん》のうもなかもんじゃ。あんたよっぽど栄華な気質ばい。焼酎は草に呑ませてしもうて、こげんよたよたするごつなって、やっぱり子どんが世話にゃならでな死ぬとや。

八十爺さまじゃばってん、こんわれは学者爺さまばい。人とはモノいうともしちめんどうちゅう面しとって、ひとりで電気とぼして、焼酎ども呑んで、毎晩毎晩、唄も唄わんで、きちんと膝も崩さんで本ば読みおらす。ほらあの、何ちゅうか、強か侍の、何じゃったけ、仇討の本。ほらあの荒木又右門てろん（とか）、宮本武蔵てろん、高田の馬場の堀部安兵衛の仇討。柳生十兵衛。侍の本ばかりじゃ。夜明けまでもちょくちょく電気のついとるもんな。昔ここらあたりのトノサンの末孫じゃったで、それできちんと坐ってそげんしたふうの本をば読ますとじゃろわい。

この病にならいてからもう、ばったり見やならんげな。絵のついた本ばひろげて、じいっと三分ばかり、にらむごつして、見とらるもんの、ゆらゆらばたっと打ったおれて、あきらめて、寝えとらす。

なあ爺やん、昔んごつ、かっきり時計の針のごとは、あんたが暮らしも、まわらんごつなってしもうたなあ。

仙助老人の小屋の庇にすむ娘のひとりが、父のひとりの酒宴が済んだところをみはからって、のぞきみると、彼は覚つかない手つき足つきで、裸電球を下ろし、端然と坐り、さし絵入りの荒木又右衛門か何かをひろげているが、両のまなこをおさえて、ばたりと引っくり返ったりするのであった。彼の発病は三十五年十月初旬である。

人びとは日々の暮らしのどこかがかすかに、たとえばほどけてゆくぜんまいのようになってゆくのを感じ、村の生活の中のごついネジのような存在であった並崎仙助老人のことを想い出した。彼はもう村の時計の役目を果たしえなかったのである。

私の生まれ住んできたこの地方には、酒を呑むよりほかに欲も得もない人間に関してひとつの表現がある。

「うっ死《ち》ぬときなりと色んよかごつ、みめんよかごつ、酒なりと呑まんば」

というのである。

八十年の生涯の並々ならぬ心情の曲折を今は知る由もない。三合の焼酎に酔を発して剣豪小説を読む。遂げられなかった彼自身のロマネスクの彩《あや》なる幻影の中で、ある夜ぼっくりと前かがみに倒れ、みめよい顔色のままに、舟板の破れでかこった小屋の壁にもたれて死んでいる。そう彼は願っていたのではなかったか。ロマネスク、というには、それはあるいは微意ともいうべき志であったかもしれぬ。

脳波測定器の針を額のあたりに幾本もくっつけられて、長く伸び、黒光りしている彼の全身を、電気の微動音の中で女房たちはしんとして見守っていた。老人はおおむね自若として瞑目していたが、ときどきその白く長い眉毛と、あしのうらがぴくぴく動くのだった。彼の番が終わり、仙助老は身づくろいをすますと、うやうやしく家の主である山本会長と、先生方と、女房たちにお辞儀をし、無言のまま帰途についた。

あがり框《がまち》をすべり下りたとたん、誇り高い彼の後姿が、ぐらりとかたむいた。水俣病特有の、失調性の歩行である。

臨時検診所であるこの山本患者互助会会長の家のすぐ裏は、水俣病集中多発地区である、茂道、湯堂、出月、月ノ浦の村落を、海岸ぞいに貫いて、ちょうど、鹿児島から熊本に貫く国道三号線の改修工事がなされていた。彼は、掘り返されて海に落ちかかる土塊《つちくれ》の上を、国道三号線に並行している鹿児島本線の線路の方へ歩いてゆくのだった。線路の方にむいて歩いてゆくその歩行は、まるで進行方向とは逆にすべる、デコボコのベルトの上の歩行のように、なかなか前へ進まなかったが、彼はじつにゆっくりと熱心に、足をかわしていた。

沈みかけた不知火海の冬の夕陽の中に、老人の後姿を私がみたのは、それが最後である。

ふっくりとあざやかな色をした内臓のきれはしを解剖室にとどめて、彼の遺体を積み込んだ霊柩車が、うそ寒い水俣川の土手を走り去ると、同じくその川土手を、白い晴着をはたはたとさせて、笑いさざめく娘らの一団がこぼれるようにやって来た。それは、成人式帰りの娘たちの群であった。

仙助老人の死から二十日ほどした二月七日、ぬかるみの出月部落の国道三号線の上で、私はまたひとつの葬列に出遭うのである。

三十年四月、原因不明のまま発狂状態になり、熊本市近郊の小川再生院（精神科）に入院させられ、十年間家族のもとに帰ることなく死亡した荒木辰夫（明治三十一年生）の葬列であった。彼の発狂は水俣病と診定されたが、面会にゆく妻女をながい間識別できずに後ずさりし、夫の留守を守って必死に働いている彼女をかなしませた。

未完の国道三号線には、急激に増えた大型トラックの列がうなりをあげ、わびしいこの葬列を押しひしゃぐように通りぬけ、人々の簡素な喪服の裾や胸元や、位牌にも、捧げられた一膳の供物にも、つぎつぎに容赦なく泥はねをかけてゆく。

私のこの地方では、一昔前までは、葬列というものは、雨であろうと雪であろうと、笛を吹き、かねを鳴らし、キンランや五色の旗を吹き流し、いや、旗一本立たぬつつましやかな葬列といえども、道のど真ん中を粛々と行進し、馬車引きは馬をとめ、自動車などというものは後にすさり、葬列を作る人びとは喪服を晴着にかえ、涙のうちにも一種の晴れがましささえ匂わせて、道のべの見物衆を圧して通ったものであった。死者たちの大半は、多かれ少なかれ、生前不幸ならざるはなかったが、ひとたび死者になり替われば、粛然たる親愛と敬意をもって葬送の礼をおくられたのである。

いま昭和四十年二月七日、日本国熊本県水俣市出月の、漁夫にして人夫であった水俣病四十人目の死者、荒木辰夫の葬列は、うなりを立てて連なるトラックに道をゆずり、ぬかるみの泥をかけられ、道幅八メートルの国道三号線のはしっこを、田んぼの中に落ちこぼれんばかりによろけながら、のろのろと、ひっそり、海の方にむけて掘られてある墓地にむけて歩いて行ったのだ。

ひととき、トラックの列が途絶え、小暗くかげった道の向こうはしに、雌雄判じがたい銀杏《いちょう》の古樹が、やはり根元からその幹に、いつからこびりついたともわからぬ泥をべっとりかさねて立っていた。

茫々とともってゆくような南国の冬の、暮れかけた空に枝をさし交わし、それなりに銀杏の古樹は美しかった。枝の間の空の色はあまりに美しく、私はくらくらとしてみていた。

突然、戚《せき》夫人の姿を、あの、古代中国の呂太后《りょたいごう》の、戚夫人につくした所業の経緯を、私は想い出した。手足を斬りおとし、眼球をくりぬき、耳をそぎとり、オシになる薬を飲ませ、人間豚と名付けて便壺にとじこめ、ついに息の根をとめられた、という戚夫人の姿を。

水俣病の死者たちの大部分が、紀元前二世紀末の漢の、まるで戚夫人が受けたと同じ経緯をたどって、いわれなき非業《ひごう》の死を遂げ、生きのこっているではないか。呂太后をもひとつの人格として人間の歴史が記録しているならば、僻村といえども、われわれの風土や、そこに生きる生命の根源に対して加えられた、そしてなお加えられつつある近代産業の所業はどのような人格としてとらえられねばならないか。独占資本のあくなき搾取のひとつの形態といえば、こと足りてしまうか知れぬが、私の故郷にいまだに立ち迷っている死霊や生霊の言葉を階級の原語と心得ている私は、私のアニミズムとプレアニミズムを調合して、近代への呪術師とならねばならぬ。

とはいえ踵《かかと》のすりへった、特売場の私の靴は、ぬかるみを跳び渡ることもできず、バスに乗りおくれ、出月から二時間かかる水俣市内をつきぬけたはずれの、自分の草屋にむかってとぼとぼと歩き出した。並崎仙助老人の小屋のあたりでぞっと襲うような寒さで日が暮れ、風が出て、眼下にみえる新日窒工場の煙と灯りは、水俣市内にむかってまっすぐ横に流れ、海はまっ暗であった。このような夜、このような夜景をみおろしていた仙助老人は、工場というものを、文明、というふうに感じて眺めおろし、満足をもって暮らしていたかも知れなかった。

──時計は何のためにあるか。

そういって彼は、工場のサイレンに合わせて、唯一の私有財産ともいうべき枕時計のネジを巻いたのである。

超合理主義者にみえなくもなかったその生涯といえども、終始添えられていた彼の含羞をおもえば、切りおとされたみずからの内臓のはし切れを、解剖室にとり残して、火葬場につれさられるがごとき死をむかえねばならなかったとは、彼としては末期《まつご》の不覚であったにちがいない。新日窒水俣工場の有機水銀は、彼の晩年ともその死後とも決してなじむことのできない因果関係を残したのである。

——水俣病のなんの、そげん見苦しか病気に、なんで俺がかかるか。

彼はいつもそういっていたのだった。彼にとって水俣病などというものはありうべからざることであり、実際それはありうべからざることであり、見苦しいという彼の言葉は、水俣病事件への、この事件を創り出し、隠蔽し、無視し、忘れ去らせようとし、忘れつつある側が負わねばならぬ道義を、そちらの側が棄て去ってかえりみない道義を、そのことによって死につつある無名の人間が、背負って放ったひとことであった。

第二章　不知火海沿岸漁民

舟の墓場

昭和三十四年十一月二日朝、夜来の雨が、ぱらぱらと落ち残っている水俣警察署前から、水俣市立病院通りの舗道に、不知火海区漁民、約三千人が、ぞくぞくと参集しつつあった。

水俣警察署は、水俣市（人口五万）を貫流する水俣川の、下流にかかる三本の橋の、いちばん上手にかかる水俣橋のたもとに在り、その水俣警察署前からやや下り坂に約二百メートルゆけば、水俣市立病院前となるのである。

市立病院も舗装されたばかりの道も新しく、漁民たちは、濡れ光っている真新しい舗道の片側にぎっしりと坐り込みながら、自分たちの前をそそくさと通り抜けてゆく市役所職員たちや、出前持ちや、それから、のぞき窓の深い警察署やを、面映《おもは》ゆげにちらちらとみあげていたが、市民たちの目に、漁民たちのその姿は、澎湃《ほうはい》とこのような小さな田舎の街にも起こりかけていた安保反対の、あの何か品のいいデモ隊（新日窒肥料工場労働者を主とし、失対労働者、教職員組合、市役所自治労働組合、電通、全逓の組合、歌声、文学サークル等で組織されていた水俣地区安保条約阻止共闘会議）の姿とは非常に異なる大集団にみえ、それはデモ隊というより、大請願団、と呼ぶにふさわしかった。

思いつめた沈黙を発して坐りこんでいる人びとが、押し立てているのぼり旗や、トマの旗には、

「俺たちの海を返せ！」

「俺たちの借金を返せ！」

「工場排水を即時停止せよ！」

などと書いてあったが、なかでもきわ立ってまっさらな白い吹き流しに、

「国会議員団様大歓迎‼」

と大書した幾条ものののぼりは、追いつめられた漁民たちの心情をよく表わし、のぼりの下には、白髪よぼよぼの老漁夫や、髪をのばしかけた少年漁夫や（彼は所在なさにモモ引きぱっちのポケットからあの、ゴム銃を、雀や犬の尾っぽや鼻などをおどろかすあの、木の股にゴム紐をくっつけて小石をはじく玩具をとり出して遊んでいた）、ネンネコの中でむずかる赤んぼをずりあげずりあげ、首をめぐらして口うつしに飴をしゃぶらしている主婦も交り、地下足袋や、ゴム皮の草履をつっかけているものもあったが、男女に限らず、

素足にすりきれた下駄ばきの者が多かった。

舟の上ではおおかた伝統的なはだしで働く人々が、「国会議員団様大歓迎」のために浦々から参集した日の、任意でにぎやかなそのはきものと素足を、私は今もまざまざと思いだすのである。

人びとは陸路をとって漁協のトラックからも降り立ったが、おおかたは漁協別に船団を組み、工場排水口のある水俣湾の百間沖や、丸島湾、水俣川河口の八幡湾付近に、久しくひるがえしたことのない大漁旗を、のぼり旗とともにひるがえし、エンジンの音を響かせて上陸し、港付近の住民たちを驚かした。

港付近の人々は、そこが漁船の入る港であったことを、忘れはてていたのである。人びとはそのようなエンジンの音を何年ぶりかで聞いたのであり、そこが漁船の入る港であることを思い出したのであった。

不知火海区の漁民たちは、上陸しようとして、みるも無惨に打ち捨てられた水俣漁協所属の船たちをみて、胸をつかれた。

住む人を失った家が、加速度的に廃屋《はいおく》と化すように、船主を半年間も乗せずにいる舟というものは、たとえそれが、伝馬舟《てんません》のような、一本釣の舟であろうと、たちまち、舟自体が具えている生気や、威厳を失い、風化してゆく。まして、水俣湾のさまざまの異変を、漁民たちが気づきはじめてから、あの、夏のボラ漁の、糠の話が持ちあがってから、六年も経っており、実際上の操業不能から、まる三年も経っていたのであった。

引き綱をながくのばして、つながれている舟という舟の舳《へ》先《さき》は、じっさい、だらりとのびているようにみえ、舟板は割れたように乾《ひ》ぞり返り、満足な姿の舟はただの一艘《そう》もなかった。なかには船体自体が、ある夜、ばらりと解けほどけたかとみえるほどに、風化解体の凄まじい進行をみせている新造船もあったのである。

百間港も、丸島港も、水俣川河口の八幡の波止も、港はそれら打ち捨てられた舟の、墓場と化していた。

それら、ほとんど残影にひとしく解けほどけかかった無人の舟たちが黒々と、水先をわけてはいって来る不知火海沿岸漁協の船団が立てる朝波にまつわりつき、ゆらゆらとあふりやられて道をあけるありさまは、屈強な漁師たちにも、

「朝っぱらから、気色の悪か夢のさめんごたるありさま」

であり、

「背中から汗のひく舟の墓場のごたる景色」

であり、

「いんま、もうじき、自分どんが船も港もこげんしたふうになる」

と思われ、

「ものいえばおとろしかごたる気のして、なるだけそっちを見らんごとして、気が急《せ》いて上陸したばってん、あげんした気色で水俣に上がったこたなかったばい。昔はあんた、八幡さんの祭じゃの、為朝さんの祭に灘《なだ》の上同士で呼び合うて、船団仕立てて、もう、いっぱい機嫌になって、一村中押し渡りよったけん。港に入る時や、昔は太鼓三味線、それからはスピーカーをわんわん鳴らして打ち揚がりよったもんな。水俣病が出る前までは……」といい、

「自分たちの漁場の異変に気をとられて、話にゃなんのかんの水俣のことは聞いとったが、いっときの間に、幽霊船の港のごつきゃあなって、ガックリきたのなんの。背中から汗のすうっとひくごたる、うち交った心持ちの中に、今日は国会議員の衆の、東京から来てくれらすちゅうことで、押し渡って来たっだけんと思いなおして景気をつけて……」あがったが、「自分たちの墓ば見るごたる港」と人びとは思ったのであった。

港というものは、どんなに早くとも、朝もやの立つ舟の上に人の影があり、人の声や櫓の音や、エンジンを起こす音がする、つまり朝もやをかき立ててあける港の活気というものがあるものなのに、その頃、水俣の港や波止の朝は、風化解体してゆく廃船だけが、む

なしく波にゆられ、人の影とては、こわれ舟に子供らが乗って遊ぶ昼間ならとにかく、めったにあるはずもなかったのである。

不知火海区漁協の人びとは、水俣湾の潮の道先に当たる、鹿児島県長島の漁民たちのことを思い出していた。長島の漁師たちは、かねがね、漁の休みに、

「百間の港に、舟をよこわせとけば、なしてか知らんが、舟虫も、牡蠣《かき》もつかんど」

といいあっていたのである。

半農半漁の多い長島の漁民たちは、漁の休み、すなわち農繁期になると、実際に七、八年前から、わざわざ持ち舟をまわして、百間港につなぎ放しにしていた。次の漁期までに、漁師たちが必ずやっておかねばならぬ仕事に、舟の底を焼く仕事がある。舟の底に性こりもなくくっつく牡蠣がらや、藤壺の虫を落とすためである。陸にひきあげた船体を斜めに倒し、舟底に薪をくべ、舟火事にならぬように焼き落とさねばならない。簡単だが、やろうとすれば面倒なのだ。

その手間をはぶくために、わざわざ百間の港まで、持ち舟を連れて来て、置き放すというのだった。きれいさっぱり、虫や、牡蠣殻が落ちるというのだ。百間の港の「会社」の排水口の水門近くにつなぎ放してさえおけば、いつも舟の底は、軽々となっている、というのであった。

わたくしは、あの糠《ぬか》の話を、水俣の夏の、漁はじめともいうべき、ボラ釣りの、糠の話を、思い出した。

昭和二十七、八年頃から、水俣市を中心に、隣接、芦北《あしきた》郡津奈木《つなぎ》村、湯浦《ゆのうら》、佐敷《さしき》、そして鹿児島県出水《いずみ》、大口一帯の精米所に、糠が、麦の仕上げ糠がなくなった、という噂を、百姓たちが、笑い話にしていた。

鶏の飼料のことから、精米所の親方たちが、

「どういうもんじゃろ、この夏は、ボラがいっちょもおらんごとひんなっとるげなばい。そっであんた、網元の親方どんたちが、血眼《ちまなこ》になって、糠の買い占めしよるちゅう話ばい。麦の仕上げ糠はもうどこをこさいだちゃ、いっちょもなか。そりゃあよかばってん、銭ばいっこう払うてくれんでな、困ったもんじゃが」

といっていたのである。

水俣の漁業のなかでも、ことに夏のはじめからしかかるボラ漁は、特徴的なものとされていた。

梅雨《つゆ》になって、海にかすかな濁りの入る六月から十月末まで、百間沖の恋路島《こきじま》と、鹿児島寄りの茂道の鼻の坊主《ぼうず》ガ半島を結ぶ、その坊主寄りの、「はだか瀬」のまわりを、テント屋根を張った水俣漁協の船が、五十杯ほども、ぐるりととり囲む形で、いっせいに、ボ

ラ釣りを開始する。〝釣り〟でやらぬ他の舟は、ボラ籠を仕立てて、漬けてまわるのである。

ボラ釣りには、麦の仕上げ糠を熱湯でこねて、蜜やさなぎや油を加えて調味し、針を含ませてだんごに作り、餌とする。

籠の中にも、工夫した味のだんごを入れておく。

餌のつくり方には一軒一軒の秘法があって、餌の工夫と、くじで定めた釣りの場所と、腕が、一致すれば、その夏一番の獲り手にだれがなるかと、漁師たちは競いあうのであった。

しかし、いくら工夫して糠のだんごをやっても、さっぱりボラは寄りつかなかった。

ボラが、かかり出すときは一人では間に合わない。家族じゅうが食事をとる間もないほどつぎつぎに引くから、糸で指の関節が切れるほどにかかってくるのである。

籠でやるときも、入りのいいときは、半径一メートルぐらいの金網の中に、どうして入ったかと笑い出したいほど、ボラたちは、押しあいへしあいして、ぎっしりとつまり込んでいるのだった。それはそっくり、「銭」にみえるのである。

その年からしかし、小規模の家で二十俵、網元では、四百、五百と糠を使ってみても、さっぱり手応《てごた》えはなかった。

水俣ばかりでなく、津奈木の漁師たちも、「今年のボラ漁では、糠の借金の上に、夏じゅうの人間の食い扶持《ぶち》がそっくり借金になってしもうた。こういうことは、親の代から聞いたこともなかったが、ボラはよそさね、移動したかねえ」などといぶかっていた。漁師たちは、この頃いわれはじめていた、全国的な、沿岸漁業の不振を、ボラの減少に結びつけて、いくぶん、時事評論ふうに、話しまぎらわしていたのである。

事態はしかし、目にみえて、急速に、進行しつつあった。

ボラのみならず、えびも、コノシロも、鯛も、めっきり少なくなった。水揚量の急激な減少にいらだった漁師たちは、めいめい、無理算段して、はやりはじめていたナイロン網に替えたりしたが、猫の育たなくなった浜に横行するネズミに、借金でこしらえたせっかくのナイロン網を、味見よろしく、齧《かじ》られたりする始末であった。

この頃、わたしの村の猫好きの老婆たちは、茂道や月ノ浦あたりじゃ、何べんくれてやっても、猫ん子が育たんげなばい、くれ甲斐もなか、と、いいあっていたのである。

網を繕《つくろ》って沖へ出る漁場の、百間港を起点に、明神、恋路島、坊主ガ半島と結ぶ線の内側の水俣湾内は、網を入れると、空網で上がってくるのに、異様に重たく、それは魚群のあの、びちびちとはねる一匹一匹の動きのわかるような手応えではなかった。

網の目にベットリとついてくるドベは、青みがかった暗褐色で、鼻を刺す特有の、強い異臭を放った。臭いは百間の工場排水口に近づくほどひどく、それは海の底からもにおい、海面をおおっていて、この頃のことを、漁師たちは、

「クシャミのでるほど、たまらん、いやな臭いじゃった」

と、今でも語るのである。

芦北郡津奈木村の漁師たちは、

「夜の海に出て、灯ばつけて。夜漁《よぶ》りですたいな。その夜漁りに出て、目鏡《めがね》でのぞきながら、銛突きをやるです。すると、海底の魚どもが、おかしな泳ぎ方ばしよるですたい。なんというか、あの、芝居で見る石見《いわみ》銀山《ぎんざん》、あれで殺すときなんかそら、小説にも書いてあるでしょうが、ほら、毒のまされてひっくり返るとき、何とかいうでっしょ。テンテンなんとか、それそれ、そのテンテンハンソク。そんなようにして泳ぎよったです、魚どんが。海の底の砂や、岩角に突き当たってですね、わが体ば、ひっくり返し、ひっくり返ししよっとですよ。おかしか泳ぎ方ばするね、と思いよりました。

そしてあんた、だれでん聞いてみなっせ。漁師ならだれでん見とるけん。百間の排水口からですな、原色の、黒や、赤や、青色の、何か油のごたる塊りが、座ぶとんくらいの大きさになって、流れてくる。そして、はだか瀬の方さね、流れてゆく。あんたもうクシャミのでて。

はだか瀬ちゅうて、水俣湾に出入りする潮の道が、恋路島と、坊主ガ半島の間に通っとる。その潮の道さね、ぷかぷか浮いてゆくとですたい。その道筋で、魚どんが、そげんしたふうに泳ぎよったな。そして、その油のごたる塊りが、銛突きしよる肩やら、手やらにひっつくですどが。何ちゅうか、きちゃきちゃするような、そいつがひっついたところの皮膚が、ちょろりとむけそうな、気色の悪かりよったばい、あれがひっつくと。急いで、じゃなかところの海水ばすくうて、洗いよりましたナ。昼は見よらんだった。

何日目ごしかに、一定の間ばおいて、そいつが流れてきよりましたナ。はい、漁師はだれでん見とる。それがきまって夜漁りのときばっかり。

あん頃の海の色の、何ちいえばよかろ、思い出しても気色の悪か。ようもあげんした海になるまで、漁に出てゆきよったばい。何かこう、どろっとした海になっとった……。いったい、あん頃、何ば会社は作りおったっですか。どべのゆたゆたしとる海ば、かきわけてゆくと舟もどべで重かりよったです。気色のわりい品物ば流しよったばい。儂《わし》どんがごたる頭のカンポス（空っぽ）にゃ、何じゃろいっちょも解らんばってん、あぎゃん品物ば、早よ、大学の先生たちに採ってやって、見てもらえば、よかったろて。馬鹿ん知恵は後からちゅうもんな。

会社は、へっちゃ（すぐに）排水ば、熊大にやりおらじゃったちゅうが、そげんじゃろ。

排水口に番人つけて、盗られんごつしとったもん。儂どんが、どしこでん、盗ってやっとじゃったて。浮いて流れ出す先までは、番人つくるわけにはゆきみゃあもん。

いやあ、あん頃、儂どんも百間港さねゆきおったですたい。そっであの辺のこた詳《くわ》しかばい。地先権？　もちろん密漁にゆくとですたい。内緒たい。こっちの海にも、魚はちょろっともせんごつなって仕方なし、せっぱつまって。あすこは工場排水もあるがやっぱり魚も廻ってゆくとですな。魚の溜りのごたる風でよそよりゃ居りよったばい。そん頃水俣ン者はもう獲りよらんじゃったもん。

そんかわり猫ヤツがごろごろ舞い出して、うったまがった（驚いた）なあ。あすこの魚は利けたばい。てきめんじゃった。死んでしもうて。すぐに人間もなったし。タレソ鰯がよう利いた。

それからこっち、もう行かん。うちの部落で死んだ大将は、打ち殺しても死なんごたる荒しか男じゃったですが。十一月二日のデモのときは、その大将が一番のりして、会社の正門にかけのぼり、会社が開けんのを内側に飛びおりて開けた男でしたが。デモ隊が会社にはいれたのはあの篠原保のおかげでしたもん。それが、アウ、アウちいうて、モノもいいきらん赤子んごてなって、あの大将がころっと二週間ばかりでうっ死んだ。ショックじゃったばい。あげんして死んだちゃ情《なさけ》なか。死んでも死にきれんじゃったろと思うたなあ

——。かかも子もどげんなるな。こらもう、網売ってでも、舟売ってでも、土方してでも、生きとらにゃとおもうて。もう魚は獲るみゃと思うたが、ここらあたりに銭仕事《ぜんしごと》は無し。沖の方さね目はゆく。はがゆさ、はがゆさ。

はい！　デモのときぁそれでいちばん先になって行ったです。何に当たろかい、会社に当たらんば。水俣の者じゃなし、会社に世話ばしなっとるごて。儂どんが大将じゃったばい」

右のような、水俣湾の状態の中で、昭和二十五年から二十八年まで、四十八万九千八百キロあった水俣漁協の水揚量は、三十年には三分の一の十八万三千七百キロに減少、三十一年には、さらに十一万千九百キロと激減した。

網についてくるドべの工合からみて、漁民たちは、湾内の沈澱物は三メートルはある、と推測していたが、後にくる国会調査団も沈澱物を三メートルとしている。この頃になると、湾内の死魚や生魚の浮上はさらにはなはだしく、月ノ浦方面の猫は、舞うて死ぬ、という噂は、かなりの市民が耳にするようになるのである。

海底に沈潜していた水俣湾の異変が、その目もりを、そっくり岸辺の地上に現わすように、沿岸漁家部落には、すでに水俣病が、発生しつつあった。

水俣病を最初に発見したのは、先に記したように当時水俣市に在住していた、新日窒肥料工場附属病院長、細川一博士であった。

水俣病の発端と、細川博士については、現代技術史研究会の「技術史研究」(第二十八号)富田八郎の「水俣病」の記述が適切であり、引用する。

——細川氏は——すでにその前年までに、数年を費やしてこの地方に散発するリケッチャ病の一種である腺熱の疫学的研究を、熊大の河北教授と協力してまとめたところであり、当然この地方で普通に起こる病気には精通していた。したがって昭和二十九年に、最初の水俣病患者が日窒病院に入院し死亡したときに、その症状が、これまでまったく知られなかったものであることをカルテに記載している。つづいて30年にも1名を発見し同様に記録しているから、31年5月1日に4名の患者が日窒病院を訪れたとき、事件の重大さにただちに気づいた。症状に一部日本脳炎と似た点もあり、熊本県はポリオの多発地帯でもあり、衛生学的な対策を立てるために、保健所に連絡をとった。ここから以後長期にわたる日窒病院と保健所の見事な協力関係が生まれるのである。

31年5月28日には、保健所、医師会、市、市立病院、日窒病院の五者で対策委員会が作られた。この委員会で、各開業医の古いカルテを調査する一方、細川博士をはじめとする日窒病院の内科の若い医師たちは、患者の看護のかたわら患者の住んでいた月ノ浦、出月、湯堂地区の現地調査を開始し、数ヵ月ののちには、この地区の全世帯の年齢構成表を作りあげてしまうほどの綿密な調査を行っている。この調査の間に、どんどん新しい在宅患者が発見され、事件はますます大きくなっていった。——

水俣病の発生およびその進行途次において、医師および学者として、細川氏がその高潔迫力ある人格を貫き、卓越した調査研究を続行せられたことと、附属病院の本家である新日窒水俣工場がみせたあらゆる態度とは、そのあまりにも見事な対比は、今となっては、それぞれに古典的な意味さえ持つのである。

当時、調査の結果、確認せられた患者数は、28年1名、29年12名、30年9名、31年32名、(この後31年度は続いて、11名発生)、計54名が、自己診断名で、中風、ヨイヨイ病、ハイカラ病、気違い、ツッコケ病などといぶかられながら家々の深くに発病していたのであった。このうち死亡者はすでに17名に達していたのである。

患者たちに共通な症状は、初めに手足の先がしびれ物が握れぬ、歩けない、歩こうとすれば、ツ、ツ、コケル、い、モノがいえない。いおうとすれば、ひとことずつ、ながく引っぱる、甘えるようないい方になる。舌も痺れ、味もせず、呑みこめない。目がみえなくなる。きこえない。手足がふるえ、全身痙攣を起こして大の男二、三人がかりでも押えきれない人も出てくる。食事も排泄も自分でできなくなる。という特異で悲惨なありさまであった。このとき、対策委員会のあとを引き継いだ熊本大学病院院長の勝木司馬之助教授は、患者たちを診たときの印象を「ヘレン・ケラーの三重苦に加えて、おそらくは治る見込みのない四重苦の人たち」と、痛苦に満ちた言葉で評している。

　病状が固定したかに見え、死をまぬがれた人びとも、さまざまな身体的障害や、精神障害を残すことがあきらかとなってきた。

　患者集中部落は軒並みに続く病人や葬式や、消毒や、白衣を着た先生方の出入りでおびえていた。さまざまな噂が流れ、それを裏づける現象が起きていた。

　水俣湾百間港付近を漁場とする漁村部落に集中発生していた水俣病患者は、工場が八幡地区水俣川河口排水口を変更しだした三十三年を越えると、河口付近の八幡舟津から遠く北にのび芦北郡津奈木村に発生、さらに拡大発生するきざしをみせた。水俣川河口から北にのびる芦北郡沿岸は、かねがね水俣川の氾濫期に上流からの漂流物が打ち揚げられるコースである。水俣漁協と新日窒工場、そして水俣鮮魚組合にしぼられ気味であった紛争は、対岸の天草を含む不知火海沿岸一帯漁協の問題ともなってきた。三十二年四月組織された熊本大学医学部を中心とする文部省科学研究所水俣病総合研究班が、三十四年七月、中間発表として、本病の原因と考えられるのは「水俣湾でとれる魚介類にふくまれるある種の有機水銀が有力である」と発表、浄化装置なしに、種々の有毒物質をふくむ汚水を流出する、新日窒水俣肥料工場による湾内の汚染を指摘したが、このことは必至的に、不知火海岸全域の、漁民生活の逼迫《ひっぱく》を招いたのである。

右発表後ただちに水俣市内鮮魚小売組合が、「水俣の漁民が獲った魚はぜったい売らない」と声明、この声明は漁民たちの生活にとどめをさした。漁場を失い続発する患者を抱えた漁民たちは代表を選出し、たびたび新日窒工場に補償要求を出したが、工場側は熊大説を否定、水俣病と工場廃液は関係ないとして、漁民たちを、もちろん患者たちをも、無視しつづけてきたのであった。

鮮魚小売組合が出した声明は皮肉な結果となって現われた。市民たちは「当店の魚は、遠洋ものばかりです」と貼り紙を出した店を、逆に恐れて、寄りつかなくなってしまったのである。罐づめや、肉の値上がりが、すぐ主婦たちの話題となった。

漁業組合と、鮮魚組合のデモ隊がかちあって、ケンカになったなどという噂が流れた。

熊本から来た客に、内海でとれるはずのないまぐろの刺身をとって出したのに、水俣病を恐れてどうしても箸をつけなかった、という話が悲喜劇ふうに話された。このような形で、水俣病問題は、水俣近辺町村のみならず、不知火海沿岸全域住民の蛋白源と、漁民の生活権など社会問題としてようやく表面化した。

なかんずく患者発生の続く漁家を抱えた水俣漁協所属の漁民たちの生活は極度に逼迫し、網を売り船を売り、借金を抱えぬ者とてはなく、その日の米麦にもこと欠く家が多かった。昭和二十八年末に公式第一号患者が出てからさえ、すでに六年を経、右の状態は、放置されていた。

この年、三十四年の盆の大潮に、ついぞないことに、沖の磯に棲むはずの、チヌ、アジ、ボラ、スズキ等の成魚たちが、うろうろと水俣川河口の枝川である私の家の前の溝川に上がってきた。

潮の上下する合間を喜んで水遊びする幼児たちが、難なくこれを両手でとらえ抱えあげたが、母親たちは、川口にある「大橋」付近でもっと大量の魚たちが異様に腹を返して浮《ふ》游《ゆう》し、死んでいるのを見聞きしていたので、気味わるがって、これを捨てさせた。川向こうの、漁家部落、八幡舟津に、すでに六十九、七十、七十一、七十二人目と水俣病が出ており、遠い茂道、湯堂、月ノ浦の、猫おどりの話として、なかば笑い話にしていた奇病が、新しく設置された八幡大橋付近の、新日窒工場の、排水口の鼻をつく異臭と、たちまち排水口付近で浮上し出した魚群と、そこに波止を持つ舟津漁民の発病をみて、私の部落でも現実の恐怖となった。舟津の患者たちのすべては、魚を売りにきたりして、こちら部落に顔見知りの人びとであった。

八幡大橋付近から遠浅に潮が引けば、水俣川川口からひろがる干潟《ひがた》の貝は口をあけて死滅し、貝の腐肉の臭気と排水口の異臭とのいりまざった臭いが、海岸一面に漂っていた。

私の村の日窒従業員たちは、八幡排水口が設置される直前から、「排水口ば、こっち持ってくるけんね、こっちの海もあぶなか。もう海にゃゆくな。会社の試験でも、猫は、ごろごろ死によるぞ」と、家族たちに、「秘密ぞ」と前置きしていいつけたが、秘密というものは伝わり易いものであり、それは村中に知れ渡ってしまったが、魚や貝類の死滅するのを目の前にして、潮干狩り好きの農民たちも、これでぴたりと、盆の潮干狩りをやめてしまった。烏《からす》まで、目をあけたまま、海辺で死につつあったから。

八幡排水口付近にこの前々年夏にかけられた「大橋」の上は、この頃、新しい橋と、「奇病魚」を見物にくる人びとで賑わった。

人びとは、目の前で流れおちる工場排水を鼻をつまみながら指さして眺め、川の表面から底の方まで厚みをつくって、のたうちまわっては白い腹をみせて浮きあがったりする大小無数の魚のむれを、思案げに眉を寄せて眺めていた。

大橋の欄干に顎を乗せて、ずらりと並んでいる人びとの話題は、たとえば、こんな話であった。

会社、附属病院で、水俣病の試験猫を、一匹二、三百円に買い上げるので、さっそくひと儲けやらかした人物がいるというのである。彼は夜陰に乗じて、野良猫かられっきとした近辺の飼猫までひっさらい、麻袋に入れて売ったはよかったが、自分の嫁御の猫まで売ったので、わがかかから慰藉料を請求されている、というのであった。

市民たちのひとり残らず、なにか重厚な空気に犯されていた。今にもどこか、なにかが深い根元からひき裂けそうな緊張に、人びとは耐えていた。

昭和三十四年十一月二日

十一月二日朝、どしゃぶりのあけた水俣の朝やけはほの熱かった。遠い、音ともいえぬどよめきが、空の仄《ほの》かな紅の中に、ひろがるのを私は感じ、かっかと逆流しだした血脈のようなものに乗って、私は家を飛び出した。

はだらな陽が、さしのぞいたり、かげったりしていた。

後列に当たる漁民たち、市立病院前あたりに坐りこんでいる人びとの方から、突如、言葉にならぬ歓声が上がった。静かな大集団の面上をさっと喜びの色が走った。十一時前後であったろうか。

「国会議員さんたちの来らしたぞぉ――」

人びとは実に嬉しげに、そうささやきかわしたのである。人びとに交って私も走った。

「国会議員団様」なる人びとを見るのは、実に至難なことであった。何しろ二千人あるいは四千人といわれた大漁民団や、報道陣や、野次馬の中に、その人びとは囲まれていたのであるから。ジャングルのような人びとの足を押しわけて私はほぼ前列に近いところまで進み出ることができた。

陳情やデモというものがいかなる形で行なわれるか、それがどう受け入れられるか、しかと見とどけねばならない、と私は考えていた。

このとき、私が人びとの背後から、伸びあがり伸びあがりして、目撃し、強く印象づけられている陳情は、今にして思えば、不知火海区漁協の人びとのそれではなく、水俣病患者家庭互助会の代表者たちであったのである。

不知火海区漁協（八代、芦北、天草各漁協）の大集団は、水俣病患者互助会代表と、国会派遣議員団十六名、その他県議員、水俣市関係者等々を十重二十重《とえはたえ》にとりかこむ形でこれを見守っていた。

ことがらの推移をみて、私はこの日、「国会議員団様方」に陳情するのは不知火海区漁協の人びとのみならず、水俣病患者互助会もその企てを持っていたことを首肯《しゅこう》した。

水俣病患者家庭互助会代表、渡辺栄蔵さんは、非常に緊張し、面やつれした表情で、国会議員団の前に進み出ると、まず、その半白の五分刈り頭にねじり巻いていたいかにも漁師風の鉢巻を、恭《うやうや》しくとり外した。すると、彼の後に立ち並んでいる他の患者家庭互助会の人びとも彼にみならい、デモ用の鉢巻をとり払い、それから、手に手に押し立てていたさまざまの、あののぼり旗を、地面においた。

このことは、瞬時的に、水俣市立病院前広場を埋めつくしていた不知火海区漁協の大集団にも感応され、あちこちで鉢巻がとられ、トマの旗が、ばたばたと音を立てておろされたのである。

理想的な静寂の中で、渡辺さんの次に進み出た小柄な中年の主婦、中岡さつきさんがぎれ勝ちに読みあげた言葉は、きわめて印象的であった。大要次のごとくである。

「……国会議員の、お父さま、お母さま（議員団の中に紅一点の堤ツルヨ議員が交じっていた）方、わたくしどもは、かねがね、あなたさま方を、国のお父さま、お母さまとも思っております。ふだんなら、おめにかかることもできないわたくしたちですのに、ここにこうして陳情申しあげることができるのは光栄であります。

……子供を、水俣病でなくし、……夫は魚をとることもできず、獲っても買ってくださる方もおらず、泥棒をするわけにもゆかず、身の不運とあきらめ、がまんしてきましたが、私たちの生活は、もうこれ以上こらえられないところにきました。わたくしどもは、もう誰も信頼することはできません……。

でも、国会議員の皆様方が来てくださいましたからは、もう万人力でございます。皆様方のお慈悲で、どうか、わたくしたちを、お助けくださいませ……」

彼女の言葉に幾度もうなずきながら、外した鉢巻を目に当てている老漁夫たちがみられた。人びとの衣服や履物や、なによりもその面ざしや全身が、ひしひしとその心を伝えていた。

日頃、〝陳情〟なるものに馴れているはずの国会派遣調査団も、さすがに深く首をたれ、粛然《しゅくぜん》たる面持ちで、

「平穏な行動に敬意を表し、かならず期待にそうよう努力する」

とのべたのである。

陳情団代表の人びとも、これをとりまく大漁民団も、高々とのぼりをさしあげて、国会調査団にむかって感謝し、陳情の実現を祈る万歳を、力をこめてとなえたのであった。なるべく克明に、私はこの日のことを思い出さねばならない。

漁民団の陳情をうけ終わった国会派遣議員調査団は、このあとさらに水俣市立病院の二階会議室において、水俣市当局に、水俣病の発生と経過、およびこれに対して市当局がとった処置等につき、種々の質問を発した。

退役海軍中将上がりのわが水俣市四代目の市長中村止氏のこれに対する応答ぶりは、陽やけした頰をけずり、まなこおち窪ませている漁民たちや、まして、この会見のさなかに

も、この二階会議室の隣の水俣病特別病棟内で、身体の自由を失い、押えがたい全身痙攣のためベッドから転がり落ち、発語不能となり、咽喉を絞り唇を動かしても、末期《まつご》に至るまでついに、人語を以ってその胸中を洩らすことかなわなかった人びとが、ま新しい病室の壁を爪でかきむしり、〈犬吠えようの〉おめき声を発していたそのこころを代弁するには、はなはだ心もとなかった。

いや、しかし、市長ならずともまさかこのような形に、水俣病事件がその表皮を破りかけて拡大潜行しつつあるとは、水俣市民の誰もが気づくはずもなかった。前年の昭和三十三年二月、社会党系対立候補橋本彦七氏を市長選に破って、第四代水俣市長に就任した中村止氏は、任期半ばにして病にたおれ、〝助役市政〟などといわれたが、考えてみれば彼とても、水俣病の甚大な被害者であったにちがいないのだ。

ものものしく居並んだ国会調査団の質問は、ほとんど、詰問というに近かった。世界にも類例なしという前代未聞の有機水銀大量中毒事件の、今や渦中の人である水俣市長は、カメラの放列の中で、ほとんど自失しているかにみえ、その語尾はかすれがちであった。

明治世代でなくとも、兵隊好きの多い郷土が生んだ元海軍中将閣下といえば、それ相当に、中村氏はひとかどの人物であったにちがいない。

しかし、退役後、〝東京の新興洗濯機メーカー下請会社社長〟におさまっていた氏が、水俣市長選の、革新系、橋本彦七候補の対立候補として、――自民党諸公に引き出され、ひょっくり勝ちに市長になってしもうたはよかったが、水俣病事件で、さんざんの目にあわされたロボット氏――という揶揄《やゆ》は別として、このとき、わが水俣市長は、郷土軍人出身の出世頭の中将閣下、という気鋭の前歴にもかかわらず、気の毒にも老いじわみ、片欠けた内裏雛《だいりびな》のように、いちだんとまた細まったかにみえるうなじをたてたまま、蕭々《しょうしょう》とした孤絶の中にいるようであった。

水俣市長中村止氏はこのとき、被害民、もしくは水俣病患者たちが追いこまれていた状況と心情を、もっとも重層的に体現していたにちがいないのだ。ききとりがたいことを呟いて、ぽとりぽとりとまばたいている彼の顔には、もはや言語における表現力は消滅していた。会場は報道陣も入れてざわめいていたが、市長の坐っている椅子のあたりはぽっかり沈んだ深海のようだった。彼のヒトリゴトは、沈黙だけがしんしんと降りつむ海底から浮上する、一掬《いっきく》の水泡のようなものだった。このとき底ごもるあの最大多数派無権力細民の側に彼も分化、遊離されつつあったのではあるまいか。

民意を担いあっているということにおいて、一方は一地方行政の、一方は国会の、相反映する権力同士の対面ながら、私はこの会見場に、国家権力対無権力細民、という想定図が重なりみえて仕方なかった。

平時であれば、詰衿黒サージの服でも似合いそうな、実直冥々とした村役場の書記ふうに、小柄なこの老紳士は、人口五万の水俣市四代目市長を、平穏泰平につとめ上げたにちがいなかったのである。

国会議員調査団の矢継ぎばやな一方的詰問に、想いくぐもり、ついに言葉を失ったかにみえた水俣市長の応対は、もちろんこれを補佐し、それなりに実状の一端をのべた市当局関係者も布陣されていたわけであったが、見ようによれば、この水俣市にとっての歴史的会見図は、当時、未曾有の有機水銀大量中毒事件をかかえて、水俣市が逢着していた、困惑、混乱、苦悩、そして事態収拾への、たどたどしいながら精いっぱいの努力、あるいは破綻を如実に表わしていた。

今考えて、ほんに残念と思うのは、原因もわからんじゃったせいもあるが、正式には三十一年四月に奇病の発表があったわけですが、こうなるまで、患者も漁民もほったらかしじゃったことですよ。実質的な発生は二十八年暮ですから。

月ノ浦におかしか病気の出とるという。だんだん、だんだん出てきて三十一年には四十三名になった。えらい出るもんね、こりゃおかしかぞ、こりゃ議会でも、対策委員つくってやらにゃ、なんかえらいこてなるぞ。はじめは議員連中も笑い話にしよったです。猫の話のありよったでっしょが。それで、なんかそりゃ、祟っとたい、ちゅうふうで。ところが衛生課に、その猫ば片っぱし、連れてくるごてなって——熊大へ送るためですな——わしどんも寄って見よったですたい。

くりくり、くりくり舞うかとおもうと、アレたちが、こう、酒に酔うたごつして千鳥足で歩くとですよ。だんだん舞うのがきつうなる。後にゃですね、ああた、鼻の先で、鼻の先ばっかりで逆立ちせんばかりして舞うとですよ。地《じだ》ば鼻でこすって。それで、どれもこれも、鼻の先は、ちょろりとむけよったですよアレたちは。

たまがって現地さね行たてみる。現地でもそげんしよる。もちろん人間もなっとる。こらやっぱり魚ばい、と誰でんいちばんにおもうたですな。漁師の家ばっかりでっしょが。それが次々出る。原因なわからん。薬も注射も利《き》けん、病院としても、お手あげちゅうでしょうが。こらえらいこてなるぞ、早よ対策委員つくってどげんかせんば、ちゅうことじゃったです。

だいいち、患者家庭はまあ、何といったらいいか、底辺家庭が多かったし、そうでなくても、家の働き手がやられとる。一軒で三人、四人と出た家もあるとですけん。市としては生活保護出さにゃならんとですよ。第一こげん出ては養いもきれんごとなったわけですよ。三十三年は七十名超えてきたですから。

もうわれわれ水俣だけじゃどげんもならん。いっちょ政府か県にお願いして、援助方をですね、陳情せにゃならん、という気持ちに、われわれ議員も全部ならざるを得ない。まあ、だいたい保守も革新もなかったですな。こらおおごてなるばいと誰でんおもうた。せっぱつまっとった。それで三十二年に、第一回の対策委のメンバーこしらえて、上京して、厚生省にですね、行ったわけです。

ところが、厚生省あたりじゃ誰も知らんとですよ。水俣ちゅうても、水俣ちゅうとこはどこにあるかい、ちゅうふうで。九州の片田舎で、地図を出して、どこにあるや、ちゅうふうで。しかもその水俣のうちでも、とっぱなの局部のですね、月ノ浦、湯堂、茂道ちゅうても、問題にもされんわけですたい。てんで、うっちゃわん。きいてくれても、東京弁の鼻声で、あ、そうか、そうか、ちゅうふうで、ききながしじゃったわけですよ。

馴れん田舎者がですね、第一どこに、誰にききに行けばよかか、いっちょもわからんとですけん、最初のうちは……。最初から県に行ってきけばよかったかも知れんが、病人などんどん出る。始末はしきれん。みんな頭に上がっとるですけん、尻に火のついとる気持ちで、県ば飛び越えて、厚生省あたりをうろうろしとった。

あとでこれが、県にいわずに行ったちゅうことで事後処理をしてもらう段になって、県が感情的になりましたが、県も、水俣病のことは早よから熊大でわかっとったわけですけん、自分たちが先に行政指導ばしてですね。やってくるる気にもなってよかわけですよ。県の対策委も、こっちから頼んでやっと、つくってくるるごたるふうしとったくせして。第一回目のメンバーで、東京にゃ行ってくるばってん、何の効果も上がらん。いっちょ奇病対策委ば替わってみゅうかい、ちゅうことになって、三十四年三月に、奇病委ば替わって、わしゃ、そんときメンバーになったですたい。自民の藤川氏が委員長で、わしゃ社会党で副ということで。

厚生省に行ってみると、「魚の有毒化したのを食わんようにするのは——大体三十一年には魚を食うてなるとわかっとったですから——うちの仕事ですが、それから先の魚の販売のことは、農林省の管轄です」という。じゃ、こういう毒魚、いや何か知らんが、工場があって汚水を流すから、流れんごとしてくれ、取り締まってくれと、厚生省の環境衛生あたりでいえば、「それはもう通産省の管轄だ」という。結局どしこ行っても、これは農林省、これは通産省、たとえば、水俣病の研究費のことをきけば、それは文部省という工合で、いざもらう先は大蔵省ちゅうし、馴れん田舎者がですね、五つの省にまたがって、廻される始末でした。

それで、われわれも、どげんすればよかか考えつめて、国会議員に、頼んでみゅう、ちゆうことになった。がさて、こんだは社会党だろか自民党にいうたもんじゃろか、いちおう迷うたですよ。われわれ田舎市会議員とちがうわけですから。参議院じゃろか、衆議院じゃろか、ちゅうふうで。どっち行きゃ早よ事情が通じるかと。

するうち森中さん（熊本県選出参議院議員）が何かのことでちょっと帰って来たので、何さま現地ばみてくだはる、と頼んで見てもろた。森中さんも見てみて、こら大へんぞ、ちゅうことで、参議院でやってくれることになったらしいが、なかなか、ハッと判ってくれんらしく待ち長かったですな。

そして、とにかく熊本県選出の代議士全部にまず来てもらお、ちゅうことになったが、渡りをつけるのにみんな苦労したですよ。あれがやっぱ邪魔になるとですな、保守革新の色わけが――。まあそんなして、やっと代議士連中頼んで、各省の局長クラスの責任者ば寄せてもらうことになった。

衆議院の会館に寄ってもろうて、そこで、やっと、はじめて、実状を聴いてもらうことができたわけですよ。

それでまあ、局長たちも、どうなりこうなりですね、のみこめたごたるふうで。それじゃ、政府の調査機関として、正式に、厚生省からも出そう、通産省からも、経済企画庁からもゆこうという。われわれとしては、口でいくら話してもわからん、水俣に来てはいよ。とにかく来て、見てさえもらえば、あぎゃんしとる患者たちは、見てさえくれれば、人間ならばですね、見過ごしにゃできんじゃろ、という気持ちじゃったです。くれん銭も、くれるじゃろと。どうでもこうでもまず来てくれることを、お願いしたわけです。

それで来てみて、彼らも、うったまがったわけですね。十一月一日に熊本に来て、県の対策委員に事情をきいて、二日にこっち来た。てんやわんやですたい。市長はほら、頭の弱かったでっしょが。熊本での、調査団の県に対する態度みとって、われわれ水俣から行っとる者は、心配でたまらんとです。県がさんざんおごられよるでっしょが。何ば今までしとったかちゅうて。

こりゃ明日、せっかくこれまでにこしらえてですね、水俣に来てもらう段になってですね、調査団の心証ば害するちゅうことにでもなれば、これまでの苦心が水の泡でっしょが。連中はやっつくるのは専門じゃし、きびしかったですよ。ミスでもして、すげのう帰られでもされれば、まったくこれまでの苦労が水の泡ですけん。心配でならん。

こりゃしっかりせにゃいかん。市長は調査団の先導もせにゃならんし、ムリしよる。何どころじゃなか、あわてて、晩になって雨のどしゃぶりしよる晩でしたが、水俣さね帰ってですね、今の助役の渡辺さんをたたき起こす。そんとき総務課長でしたけん。渡辺さんも心配して待っとらしたですたい。市長から何かいうてありましたか、ときいたです。いえ、まだいうてなか。そらいかん。連中はきびしかですよ。明日はなにさま、リッパなアイサツば市長にしてもらわにゃならん。いっちょわれわれで、水俣市として調査団ばリッパに迎える、アイサツば考えまっしゅ、ちゅうて、アイサツの草案の文章ばですね、二人して一生懸命考えてですね、つくりあげたのは夜あけですよ。どころしとれば水俣の恥ですけんな。あれしこの連中が政府から来るちゅうことは、水俣はじまって無かこってすけん。

それぞれの役目ばほかのもんたちも分担して、十一月二日の朝ばいよいよむかえたわけですよ。

はじめ、市役所で会見するはずが、市立病院前の広場がよかろう、ちゅうことになって、変更されたのですが、そんときもう、例の、不知火海区の漁民の連中が、警察の前から、市立病院の前、そるからズーッと先まで、ダーッと坐りこんどる。

うったまがったな。あれしこの漁民が、めんめんにのぼり旗立てて来とるでしょうが。天草のなんのからまで来とる。調査団がくることは、あんとき、漁民には知らせてなかったってですがね。いついつ、どげんどげんして、ききつけて集まったってですかね。われわれ、アンポなんかのデモはやっとったが、雰囲気のちごうとる。まあ、はじめ、坐りこんどるときは非常におとなしかったですね。それが、ああいう騒動になった。——

農民出身の社会党市会議員、広田愿《ひろたすなお》氏は、そんなふうに、往時を回顧する。旧水俣川がまだ、今の市立病院敷地の底を流れていたころ、その下流の河原にあった広田氏の家は、白壁土蔵造りのがっちりした農家であった。今でも白壁土蔵造りにはちがいないが、年月にさらされて、いちだんと草深く、壁も落ちているが、ざっくばらんな土間を入ると、みがきこまれたいろりがある。

背広を窮屈そうに着て、あがり框をあがったり、自転車に乗ったりするときの彼の腰つきは実にあの百姓腰そのままで、この社会党農民議員氏は市会議員になりたての頃、畑仕事着と地下足袋姿のまま議会へ通っていたので、人びとに愛されていた。

肥桶をかついで畑にゆく途中――あいた、しもうた、たしか今日は市会の日じゃなかったけない――と思い出す。こらしもうた、日和《ひより》ばっかり悪かもんじゃっで、かぼちゃの床に気い奪《と》られて、まちっとで市会のことはうち忘るるところじゃったばい……。それから肥桶を下ろし手を洗い、腰の手拭いで拭きながらのしのしと出かけてゆく。農作業の暦の中に市会の日付けをそんなふうに組み入れてゆく。

国会派遣議員調査団が来る前夜、彼が、「明日は市長に、水俣市としてリッパな挨拶ばしてもらいまっしゅ――」と渡辺総務部長と考えたとき――崩れかかった突堤を走りまわり、ごうごうと漲《みなぎ》って満水しつつある川面をみつめ続けてきた出水時のあの、村々に生き続けてきた水門見まわり世話方たちの気持ちが、一種の戦慄を伴って満ちきたっていたにちがいない。瞬時を見過つことなく、水門を切っておとせば、氾《あふ》れおつる濁水は潮のゆたかにひきあう力に呑まれて、水も田も、郷中ことなきを得る。

どこやら浪花節めかぬでもない彼の回想談にはしかし、いったんことある場合の、百姓の一心こめた祈念と闘志のようなものがこめられていて、わたくしは心うたれて聴いたのであった。

市会議員として当然、氏は常に自分の票数への怠りない関心をしめしていたが、それは作り出した自分の農作物の市場価格に対する関心に、ほぼ相似たものであり、それがまず、農民である彼の政治参加への基底核であろうと、私は納得がいったものである。

水俣とはいかなる所か。

九州、熊本県最南端。不知火海をへだてて天草、島原をのぞみ、明治世代にいわせれば、東京、博多、熊本などと下ってくる中央文化のお下《さ》がりよりも、直結的に島原長崎を通じ、古《いにし》えより支那大陸南方および南蛮文化の影響を受けた土地柄である、という。

鹿児島県に隣接し、天気予報をきくには、鹿児島地方、熊本地方、人吉地方をきいて折《せつ》衷《ちゅう》せねばならない。薩摩入国が厳酷であること鳴りひびいていた幕藩体制の頃も、薩肥藩境の農商民たちは、ひそかに間道を共有し、かなり自由に出入し、商いを交わし婚姻を結び、信教の自由をとり交した形跡がある。

延喜式（延喜五年――西、九〇五――）に、水俣に駅家置かる、とはじめて記録され――。

天明三年古川古松軒《こしようけん》『西遊雑記』によれば、

――薩摩米之津より肥後水俣まで三里半、此間に国界の標木双方より建、鹿児島札の辻まで三十六町道にて二十六里三十町、熊本札の辻まで二十五里三町九間、肥後侯の番所は袋村といふに在り。

往来人をさして不改、さつまの番所にては旅人の改めむつかし。しかれども間道、抜道いく筋もあれば肥後の水俣、佐敷の商人、薩州への往来はみな抜道を入るといへり。

水俣は求麻《くま》郡より幾谷川となく北流落合ふ所なり。大概の町場に一村門徒宗にてよき寺院ある処なり。

此節雨ふらずして井水もなきくらひにて数十箇村中合せて雨乞あり。土人のうはさをきけば竜神へ人柱をたていけにへを供すと云。珍らしき事なれば一見せんと思ひ、其地に行見るに海岸にかけ造りの小屋をたて、藁にて長一丈ばかりの婦人の形をつくり、紙を以て大ふり袖の衣裳をきせ、それに赤きもやうを画き、髪は苧を黒く染て後へ打乱し、さて村役人、社人、巫女、見物人彼是《かれこれ》数百人群衆し、其の中の頭と覚しき社人海上にむかひ、至て古き唐櫃《からびつ》のうちより一巻を取出し、高々とよみあげし事なり。

その祭文の文章甚埒《らち》なき事ながら、かな書きの古文書と思はれ侍りしなり。其後は太鼓を数々たたき、大ぜい同音に唱へるには、

竜神、竜王、末神神《すえかみがみ》へ申す、浪風をしづめて聞めされ、姫は神代の姫にて祭り、雨をたもれ雨をたもれ、雨がふらねば木草もかれる。人だねも絶へる。姫おましよ、姫おましよ。

かくのごとく入かわり、入かわり雨の降るまでは右の通に唱へて雨ふる時かの藁人形を海へ流す事なり。

右文句を高声にいふ時に傍よりひやうしをとりいかにも、いかにもと云ふ。土人の物語に二百年以前には数十ケ村の娘を集めてくじを取らせ、くじにあたりし姫は右のごとくして海に入れしと云ふ。

辺鄙の地にはいろいろのをかしき事もある事にて古しへの事を伝へてうしなはず右祭文の文章聞なれぬ文多かりし、故に写しとらんと土人に頼みしに急にして調はず、あま

りに古雅なる雨乞ゆゑに、聞流し見捨てにせんも心残りにて見る人の笑にもならんかと爰に筆を費しぬ。

——とある。

文政元年、頼山陽は水俣亀嶺峠に登った。

一嶺㆓蟠四国㆒。　瞰視万山低。　雄抜者五六。
指点自不㆑迷。　桜嶽在㆓吾後㆒。　依依未㆓分携㆒。
阿蘇在㆓吾面㆒。　迎笑如㆓相傒㆒。　温出与㆓霧嶠㆒。
俯仰東又西。　何図九国秀。

亀嶺峠付近からは縄文土器や石器が出土する。

水俣市市勢要覧をひらけば、扉のみひらきに定着したように、徳富蘇峰《そほう》、蘆花《ろか》の兄弟と、日窒の創立者、野口遵《じゅん》の写真がのっている。

明治言論界の巨魁《きょかい》徳富蘇峰が、晩年のまなこをいよいよけぶらせて、故山の小学校に詠い贈った、

　矢筈の山の空の色
　月の浦わの波の音
　清くさやけき水俣の

吾らは行かん人の道
延喜の御代に世に知られ
昭和の御代に名に高き
清くさやけき水俣の——（水俣第一小学校校歌）というときの清くさやけき水俣は、たとえばわたくしたち昭和初期の幼童が、まだズボンもスカートも知らず、膝ぎりの素袷の足を、高々と踏みあげて棒切れをかつぎ、行進曲風にうたいあるいた、日窒水俣工場歌（中村安次作詞、古賀政男作曲）、

矢城の山にさす光
不知火海にうつろえば
工場のいらかいやはえて
煙はこもる町の空
わが名は精鋭　水俣工場

という歌の、幼な心の記憶にさえ、何か晴々とさわやかな新興の気分が、煙はこもる町の空、という歌詞のあたりにあったのである。

徳富蘇峰作水俣第一小学校校歌と、水俣工場歌に、いかなる形にもせよ、故旧の念《おも》いを抱かざるをえないわが郷党たちは、市勢要覧の見ひらきページが、いみじくもあらわして

いるように、郷土出身である徳富蘇峰と、東京から、人口一万五千、戸数二千七百そこそこの水俣村にやって来て、日本窒素肥料株式会社を創立した野口遵を、潜在恣意《しい》的に接合させることによって、おのずから草創の志となしてきたのにちがいない。

明治四十一年、その草創期のくさびを水俣村に打ちこんだ野口遵の日窒は、戦前、いわゆる新興コンツェルンと称せられた企業系列に、野口遵の日窒系、鮎川義介の日産系、森矗昶《のぶてる》の昭電系、中野有礼《うれ》の日曹系、大河内正敏の理研系などというふうにならべられて発展するが、村の唯一の産物であった塩が、専売制施行によって壊滅しかけていたあとを、工場設置によってよみがえらせようとしていた村民エリートたちは、土地買収運動の合間に、胸寛《くつ》ろげて碁をうちあったりした、若冠三十五、六歳頃の、東京帝国大学電気工学科出の、〝和製セシル・ローズ〟（松永安左ェ門評）的人物を、いささか脂っこい世直し大明神として、いまだにまぶしみなつかしむこと、きわまりもない。

工場の煙をいまなお、桃桜の里の新興の気分としてゆめみつづけている世代が、あまたいるとしても不可思議ではない。

経済学用語ふうにいえば〈労働者階級に寄生する資本〉といえども、わが農民的市民派たちは、これを、同じ土壌に棲みついた共同体の新しい成員、というふうに迎えいれ続けてきていたのであった。

村民たちの共同体意識とは、数々の工場誘致運動を試みながらそれが実現を見ず、いまなお新産都市への夢を捨てきれずにいる熊本県の後進意識を、三太郎峠のむこうのこととしてながめ、横井小楠実学党直系徳富淇水《きすい》、蘇峰、いささか毛色は違うにしても、蘆花の父子、その他いずれにしてもこの家系を始祖にめぐるずば抜けた明治日本のリーダーたちの、その出自にもっともかかわり深い土地柄という正統派意識を持ちながら、その上に日本化学産業界の異色コンツェルン日窒を、抱き育ててきたのだという先進意識が幻想的保守の心情となっているのである。

いまなお水俣村桃源郷世代のエリートたちが「蘇峰サン、蘆花サン、順子サン（竹崎順子）」と実に気易げに日常呼びならべる歴史的人物名の中に、「ジュンサンが——」とひときわまなこほそめて、馴れ親しむ語調に語るのは、野口遵氏のことなのである。

この、うららかな共同体意識はしかし、おのずから日窒の企業意識とは、別箇のものであることはいうまでもない。

しかしながら、明治四十年の村予算、二万一千百四拾六円と、みなまた郷土史年表（寺本哲往著）にあり、水俣病が公然と社会問題になった頃の昭和三十六年度市勢要覧の、市歳入予算四億八千百参拾六万中、税収入二億一千六拾万、うち日窒従業員源泉徴収約二千万、法人市民税日窒分一千八百万、固定資産税約六千万、電気ガス税一千四百八拾万、都市計画税二百八拾万、計、日窒関係だけで約一億一千五百六拾万とあるのをみれば、昭和二十四年に市制発足した水俣市の経済的基盤が日窒とともにあることもまた事実である。

その他、産業別人口のうち製造業四千四百六拾人中、日窒従業員三千七百、余の製造業従事人口はその約80％が、日窒下請工場か関連産業の従業員数であり、水俣市の全人口は五万弱である。

三十六年度市勢要覧にわずか百五拾九人に減少している漁業水産就業者人口は、一本釣、地曳《じびき》網、ぼら、いか籠、磯刺網、等の沿岸漁業であり、水俣病発生以前の漁業世帯数は三百拾八世帯であり、漁獲高の激減と、自主的操業停止により世帯数は百六拾八と半減しているのである。漁獲高についていえば、昭和二十五年から二十八年平均、拾二万二千四百六拾貫の水揚量が順年毎に減じ、漁民暴動の前年昭和三十三年には、十分の一に足りぬ一万五百九拾五貫となっていたのであった。

空へ泥を投げるとき

昭和三十四年十一月二日、国会派遣議員調査団と水俣市当局との会見は、大要右のようなことを含めて、情景を判断せねばならないのであった。

会見が終わりに近く、わたくしはだれかが、たぶん新聞記者が、「不知火海区の漁民たちが、水俣工場正門前広場で、総決起大会をやる」といったのを、小耳にはさんだ。

市立病院前広場の横の芝生はまだ湿りをおびていたが、漁民たちはその上に坐り、アルミ箱や握りめしのべんとうを食べ終わり、中にはほんのりと酒気の匂いをさせて頬を和《なご》めている漁民も見受けられた。

このことを後日、直後に起きた工場乱入に引っかけて、〝酒気を帯びた漁民もいて暴れた〟というようなニュアンスで「不謹慎きわまる」ととがめた新聞もあったが、わたくしにはそうは今もって思えない。漁民たちの中に酒を呑んでいたものはたしかに私も見受けたが、石工や馬方や牛方や、百姓や、そして漁師が、仕事のあがりや仕事のやすみに、一杯の〝だれやみ〟をすることはまことに昔ながらのことであり、そしてまた、よその土地に舟を揚げて行くことがあり、そこに親しげなうどん屋や、せいぜいオムライスくらいが最上の食堂があり、まして一合コップ一ぱいくらいの焼酎をそこで飲ませてくれるとしたら、店のおねえちゃんでもちょっとからかいながら、これを飲まぬという法があろうか。水俣に〝国会議員団様〟を迎えに行ってきた、という土産話もはずまぬではないか。

午前中の陳情により、国会議員団も、漁民たちに深々と頭さえ下げ、「ずいぶん苦労をしてこられたと思うが、これまでの平穏な行動に敬意を表し、自分たちも国会に帰り、せいいっぱいの努力をするからご安心下さい——」というような意味のことをいってくれたのである。

積もる苦労が今日でむくわれたような気がする。代議士さん方が多勢来てくれて、誓ってくれたのだから。漁ができなくなって久しく、水俣に来るにも乏しい小遣いをひねくりだして持ってきたが、陳情がききとどけられた祝いに子供にキャラメルくらいは買って帰り、コップでいっぱい前祝いにきゅーっとやり景気をつけて、工場正門前までいっちょデモろうではないか。俺どもは労働者とちごうて、かねてはストもなあんもせんとじゃけん、今日がはじめの最後だけん、いっちょ水俣ン衆のたまがらすごと景気つけて、デモちゅうものをして並うで行こうじゃなっか——。

そんなふうに、目元やさしくほんのりしている漁師をみて、わたくしも心和む想いであったのである。

デモ隊は先頭の方に若者たちを編成したが、遠まきにしている市民の目を意識した若い漁夫たちは、しきりにテレて仲間をどなったり体をこすったりしていた。隊列が動き出すと、自然足弱なネンネコに赤んぼを入れた主婦だの、老漁夫だのが後尾となった。ねじり鉢巻をしているが相当な年の〝とっつぁま〟といった感じの漁夫は、不運にもそのチビた下駄の鼻緒を切らし、片方を下げて歩き出し、やがてしてはだしとなり、両方の手にそれをぶらさげて最後尾を歩いていた。デモ隊の足音は、多彩で任意な履物《はきもの》のため、あの労働組合のデモ隊のサッサッサッという靴音とはまったくちがい、なかなかにおもむきのある足音であった、この音は、道行く市民や、市内商店街の興味をいちじるしくひくことになった。集中する視線の中を、羞《はじ》らいさえ浮かべて、この異色ある大集団は行進して行ったのである。

デモ隊は、〝六っ角〟を通り、〝新道路〟を通り、その最後尾は、昭和町の電報電話局前にあった。ここまで来れば、右手目前に、散在する家並みの間の新日窒水俣肥料工場がみえかくれするのである。隊列の長さを推しはかれば、最前列はとっくに工場正門前に着いているはずであった。昭和町に入る前に、前列の若者たちがあげるらしい、わっしょ、わっしょという声が聞こえ、おくれがちになるネンネコの主婦に気をとられていたわたくしは、思わず彼女とほほえみ交わした。デモ隊と少しはなれた市民の列を私は歩いていた。

しかしこのとき、右手前方の、家並みの後の湿田をへだててめぐる工場排水溝の、それにへだてられている内側の工場の方とおぼしきあたりから、遠く騒然とした定かならぬ物音を、わたしはききとめた。

後尾にいた人びともわたくしも、歩くともなく止るともない間、足をとめたようであった。人の叫びあうような、何か金属物をたたくような、物を投げてぶっつかる音のようでもあり、それはただならぬ形容しがたい気配であり、デモ隊は前列にむけて走り出していた。

そこから二百メートルも小走りにゆかぬうち、右手視界はすっかりあけ放たれ、新日窒水俣肥料工場のタンク群が見えるのである。凄まじい物音や声がしていた。道路はそこで、右鍵の手に、工場に隣合う水俣第二小学校と、その手前にある新日窒工場労働組合事務所の方に通じる道を接合している。この道に来て、どぶどぶと赤や緑色に濁っている工場排水溝を、もし飛び渡ることができれば、そこは工場内敷地の芝生であり、目の前に入り組んでうなりを立てている配電線やタンクが見上げられるのである。

ここまで来て、一瞬にわたくしは事情の大半を察知することができた。空耳かと思った物音が、目でとらえられたから。小学生たちが道に走り出てくる。人びとが走ってくる。

芝生のこちらへぱらぱらと、男女工員たちが逃げてくる。

漁民たちは左手正門から乱入しつつあった。石を拾い、事務所とおぼしい窓に投げている。それはなんと壮絶な破壊音だったろう。叫び声。窓に飛び入る。窓の内側から、椅子が飛び出した。机も。それをかかえあげて、排水溝めがけて投げ入れる。事務所横にならべてある自転車も。

こんちきしょう！　こんちきしょう！

こげん溝！

うっとめろ！

うっとめろおっ——

そう漁民たちはいっているのだ。怒髪天《どはつてん》を衝《つ》く、といったような顔だ。まっ赤であるか、まっ青な顔をしていた。

工員たちは——芝生のこちら端にきてかたまり、立ちすくんだり、しゃがみ込んで、頭を抱えていた。溝をとび越えられぬ工員たちは排水溝のこちらにつめかけた市民の垣とにはさみ打ちになったようなおびえた姿になった。

工場のまわりの道路は、たちまち物音をききつけて走ってきた市民でぎっしりになった。

まさにこれはあの〝打ちこわし〟にちがいない。彼らは窓をこわすと、窓わくを手にしてそれで椅子をたたき、机をたたき、自転車をうちたたいているのだった。工場従業員たちを追いまわしながら。

「代表ば出せ、やい、いちばんえらか奴ば出せ！」

とどなっている。

逃げまわる工員たちを追っかけて打つ、ということはなかった。

〝見物人〟たちもすっかり昂奮していた。漁民たちが、溝の中に、テレタイプや、ソファを投げこむのをみて、

「やったぞ！」

どっとどよめいて喜色にみちた声をそう上げるのは、魚屋たちかもしれなかった。

背負い帯もなしに、小さな方を背に、大きな方を手にひいた、若い母親は、背中の赤んぼながら溝に落ちこむようにして踏んばり、人々に押されながら、窓わくが飛び、机がこわれ、その破壊音がするたび、

「ああ、とうちゃんの、ボーナスの減る。

ボーナスの減る！

やめてくれーい！」

と叫ぶのであった。彼女は日窒工員の妻にちがいない。

工場内に入っているのは、あのテレ屋の先頭部隊のようであった。後半は門の外に残されていたのである。彼らは非常に怒り狂っていたが、一定の行動半径を保っているようにみえた。

たとえば工場正門に、昨日か、今朝がた、しつらえられたかと思われる、真新しい鉄条網があり、漁民たちの怒りはこの鉄条網や、それから工場排水溝、それから工場の利潤をあらわすもの、計算機や、帳簿類により集中的に暴発しているようであった。えっえっとしゃくりあげるような声をあげて下駄をふみ切ってはだしになり、そのはだしの足で地団駄をふんで泥をかきあつめている（石が無くなったので）若者たちは、チラチラとぐるぐるにめぐらされてうなっている配電線にかこまれた塔や巨大なタンク群を見あげはしたが、そばにはよりつかなかった。

水俣工場正門前、というより鹿児島本線水俣駅前広場において、不知火海区漁協組合三千余人はこの日、国会議員調査団への陳情を終えたあと、総決起大会をひらき、水俣工場責任者に会見を申し入れ、決議文を手渡すはずであった。

漁民たちは午前中の陳情からみて、情況は一歩前進したと判断していた。

しかしその数日前、水俣漁協組合員に暴れ込まれた工場は、不知火海漁協が正門広場に到着する目の前で、鉄条網の補強工事をしており、門を閉ざし、会見に応ぜぬそぶりをみせたのであった。このことは先頭にいた者たちをいちじるしく刺激し、屈強の者たちが激昂して門をよじのぼり、内側からこれをひきあけたのであった。触れれば飛びあがりそうに、彼らの心も暮らしも追いつめられていたのである。

排水口に沿った飲食店や安カフェの裏窓や、屋根や、そのような家々のあいだの湿田や窪地の塀を押し倒して刻々とふえる群衆は、そのまま電信柱や青桐の枝にびっしりよじのぼった。

工場の隣の第二小学校では低学年の下校時であった。

「オーイッ、生徒はかえれ、生徒はかえれ、踏み殺さるっぞ」

と若い魚屋の兄ちゃんふうがねじり鉢巻で両手を拡げ目をむいて叫んでいた。排水溝の最前列から絶えず、

「押すなーっ、押すなーっ、ひっちゃいくるぞおっ（落ちるぞう）」

という怒声があがり、群衆はそのたびに巨きくうねりながら野次ったり、けしかけた

り、歓声をあげたり、おびえたりした。屋根の上のカメラマンたちをみつけて漁民たちは、

「やっ、カメラッ、カメラッ、会社のイヌぞっ、警察ぞっ、打ちおとせっ」

と口々にいいながら石を投げた。群衆と漁民たちとのエキサイトはしかし長くは続かなかった。群衆はだんだんと観衆になってゆきつつあったから。

群衆の心はそのまま内側の漁民たちに感応されているようだった。ひとあたり正門付近の本事務所、特殊研究室、守衛室、配電室等になだれこみ、手あたり次第に電子計算器やテレタイプをたたきこわしてしまうと、漁民たちは何をしてよいかわからないようにみえた。裏門あたりから逃げおくれた従業員たちは、おそらく漁民たちがこわがって深入りすることができない精密工場の奥や配電線の奥に退避しているのにちがいなかった。爆発すれば八里四方は吹っ飛ぶという伝説が信ぜられている巨大なタンク群の間へは漁民たちは入ってゆかなかった。工場敷地の縁をそっくりそのままあらわす排水口の縁にところどころ張られている金網越しに、ほぼ三メートル幅の溝を経めぐってそのような漁民たちの動き一切は古代円形劇場さながらに観衆の目に丸見えであり、手持ち無沙汰になってゆく漁民たちの姿はまさに袋の中に追いこまれた鼠だった。

この騒乱のさなか、表通り、駅前表通り、すなわち大群衆の重なりあった背後の道路を

かきわけて「国会議員団様方」のタクシーの列が連なり通って行った。百間港から船で、水俣湾をめぐり、湾内の実態調査をやり、「奇病部落」をみ、湯の児温泉へ向かったのであるという。

ほぼ小一時間前、水俣市立病院前での感動的な陳情場面をみていたばかりのわたくしの目には、流血事態が激発している現場を突破していった音もない車の列は、非常に奇異なことどもとして心にのこった。漁民たちは自ら傷つき、つかれ、そして孤独な眸をしていた。

午後二時半、空はうっすらとくもり、雲は千切れ千切れにはやくとんだ。

武装した県警機動隊の到着は機敏きわまった。灰色がかった紺色の統一された武装集団。肩の破れた半端なアンダーシャツや木綿縦縞の半切りを着て先ほどからの奮闘で胸もとけほどけ破れ下がっていたりする漁民たちのなかに、到着したトラックの中からばらばらとこの武装集団が飛び込んで行ったとき、それは黒いひとつの染色体のようにみえた。

圧倒的に漁民たちの数が多かったが、鉄カブトと警棒を構えて進む機動隊のその色は不気味であり、あきらかに漁民たちはひるんだ。ひるんだあまりに一群の漁民たちは、通信車ともみえる小さなジープをとりかこみ、ゆっさゆっさとゆさぶりをかけて、乗っていた機動隊をおっぱらい、ジープをひっくりかえしてしまった。それは市民たちの前にはじめて姿をあらわした機動隊でもあった。

警職法反対デモ、安保反対デモ、のあいまに、デモ隊の人びとがややのんきそうな口ぶりで噂をしあっていて、「どこかで訓練を受けているそうな」といわれていた機動隊が、青黒い服装をまとってはじめて大きな装甲車からばらばらと降り、市民の前に姿を現わしたのであった。

水俣騒動の背景（十一月四日熊本日日新聞）

衆議院の水俣病調査団が水俣市に着いた二日、不知火海沿岸漁民約二千人と警官隊三百人が新日窒水俣工場で激突、漁民の血が、警官の血が流された。問題は漁民と工場の関係だが、この最悪事態は避けられなかったのだろうか。（M）

○……真っくらな工場の構内で、無気味な漁民の喚声と怒号がきこえ、無数の石が警官隊に投げかけられた。この日の漁民の第二波攻撃だ。頭を割られた警官がよろめきながら何人か記者の前をかけ抜ける。〝署長がやられた〟〝救護班はどこか〟こんな叫びが交さくする。〝突っこめ〟の号令で漁民のなかにコン棒をふりかざした警官隊がなだれ込む。先頭にいた漁民が棒でたたかれてノビる。それを足でケル。一瞬現場は修羅場と化した。何がかれらをそうさせたか？　この責任はどこにあるか！

○……この日の朝、数十隻の船団を組んで百間港に上陸した天草、芦北、八代などの不知火海沿岸漁民約二千人は、水俣市立病院前で国会調査団を〝万歳〟で迎え、村上県漁連会長、岡全漁連専務らから陳情したが、そのさい調査団の松田鉄蔵団長（自民）は〝みなさんがこれまで不穏な行動をとらなかったことに心から敬意を表する。私たちはこのみなさんのまじめさに応えたい〟とあいさつした。しかし松田団長がいった〝おとなしい漁民〟はその直後、工場側に激しい攻撃（第一波）をかけたのだ。工場のある職員は〝無秩序な暴徒だ〟とさえ憤っていた。

二人の漁民が検束された。第二波は検束者奪還のための漁民と警官隊の乱闘だったのである。

○……漁民の計画では、大規模なデモで調査団に漁民の窮状を印象づけるはずだった。水俣駅前で総決起大会をひらいたあと、西田工場長に決議文を手渡せばそれでよかった。だが、調査団への陳情のあと、昼食のさい酒気をおびた漁民は総決起大会をそっち除《の》けで約半数の千人が正門から工場内になだれ込み、正門近くの守衛室や本事務所の工場長室、会議室、電話交換室、電子計算機などを破壊、その勢いで東門まで走り、特殊研究室や配電室などをこわした。損害は約一千万円にのぼったもようだ。

漁民が総決起大会をせずに工場になだれ込んだことについて、漁民のリーダーとなっていた竹崎芦北漁業長は〝制止する暇もなかった〟という。

いっぽう警察側は〝これが実はデモ隊の隠された予定の行動ではなかったか〟とみる。行動が偶発的なものにしろ、計画的なものにしろ水俣騒動の一つの原因は指導者の統率力の不足にあるといえそうだ。
○……しかし問題の本質はむしろ他にある。水俣病対策が今日までほとんど放置された状態にあったことがこの事態をまねいたといえよう。一日熊本県議会の本会議場でひらいた衆議院調査団と関係者の公聴会の席上、調査団側は県の怠慢を激しく追及した。寺本知事が就任後はじめて水俣病の現地をみたのも、何と調査団が水俣に行く一日前だった。また公聴会で中村水俣市長は工場が水俣市に占めるウェイトや患者家庭の長欠児童の状態などについて満足な説明もできなかった。調査団の一人として帰熊した坂田元厚相も〝この問題では関係各省が敬遠しましてね〟と述懐している。〝誰もかれもが漁民を見捨てていたのだ。少なくとも、誰もこの問題に真剣に取り組んだものはいなかった〟というのはいいすぎだろうか。二日の不祥事件の責任はこのような行政当局の無為無策にあるといえよう。二日夜、旅館でこの事件をきいた調査団は〝やはり来るものが来た〟という表情だった。
○……この日の事態収拾に当った荒木、田中両県議は〝もう当分大衆動員はするな〟と漁民代表を説得したという。しかし、漁民の生活に何らかの支柱が与えられない限り、不祥事件はくり返され、漁民の血は流れるだろう。この日漁民が数十人、警官が六十数人、工場側が三人、血を流したということにこりずに……。
県警、きょう態度をきめる（十一月四日朝日新聞）

二日の水俣事件について水俣署内に設けた警備本部では、二日朝から同工場内外で実況検分を行なったあと、高橋県警備部長、柿山水俣署長らが意見を交換、報告書をつくったが、四日朝は上原県警本部長、高橋警備部長を中心に捜査方針などを決める。

県警備課の見解では、暴力行為、建造物不法侵入、器物損壊、公務執行妨害などの罪名で捜査、検挙となろう。問題は証拠で県警本部では八ミリ、十六ミリ撮影機や写真機を動員したが、投石などの妨害にあい、果たしてどれほどこれが役だつか分らないという。

公務執行妨害などは普通現行犯で逮捕しているのだが、岩下水俣署次長は漁民を説得中、漁民側からなぐられアゴに二十日間の重傷を負いながら犯人を逮捕しなかった。

「事態の収拾を第一に考えたから、涙をのんだのだ」という警官もいるが「びしびし逮捕すべきだった」という意見も部内にある。

この日の乱闘で先頭近くにいて工場正門によじのぼり、内側から門を開いたという芦北郡津奈木の篠原保はそれより一週間ほどして激しい水俣病症状をあらわし、一ヵ月あまりで死亡した。

「ダイナマイトを抱いて工場と心中する」と漁民たちは公言するようになる。陣内社宅(工場幹部社宅、水俣市でのいわゆるハイ・ソサエティ)の夫人たちは漁民の襲撃をおそれて避難態勢をとっているという噂が流れた。

十一月四日夜、水俣市公会堂において新日窒従業員大会が持たれた。発起人、鬼塚義定、五島春夫、村越典夫名でビラがまかれた。

〝我々は暴力を否定する‼

工場を暴力から守ろう〟

という趣旨で、市公会堂をぎっしり埋めた従業員たちはむしろ被害者は自分たちではないかという不安を著明にした。前日の騒動で猛り狂った漁民からなぐられたり、自転車を排水溝にぶちこまれたり、どさくさに机の中の金品を紛失したりした従業員たちがこもご

も登壇し、

「これまで自分たちは工場側とは別に患者に見舞金を送ったりしてきたのに、こうした暴力にあえば工場擁護のために実力も辞さない」

といった発言があるたびに、会場がどよめく拍手が起きた。

師走《しわす》の風が冷たくなりそめる工場正門前のアスファルトの上にゴザを敷き、補償交渉の坐り込みに入った水俣病患者互助会にむけて、この従業員大会の決議は忠実にまもられた。患者互助会に貸していた組合のテントを、さしたる理由もなくとりあげてしまったのである。女性が多かった坐りこみの互助会員たちは冬の水俣川にテントを抱えて行き、涙とともにこれを洗い、きれいにして返しに行った。

このとき新日窒従業員組合は年末一時金の要求をかかげて工場側と闘争中であったが、要求額を一般組合員には秘密にした。患者互助会や漁連の補償要求とのからみあいの中で不利になるからというのが理由であった。同じ理由によって工場側もまた回答額を秘密にした。このときその後の新日窒における労使協調――対水俣病、対漁民対策――の基本的第一歩がみごとに打立てられた。従業員大会の主導者たちはこの後三十七年の安定賃金大争議が起きると第二組合結成指導者ともなるのである。

三十四年も押しつまり、会社側は排水浄化装置をつくり、記者たちをまじえた盛大な完工式を祝う。

このとき担当工場幹部が浄化槽の水をコップに汲んで呑んでみせたところを、漁民たちは嘲笑したが、固型残滓を沈澱させるこの方式の浄化槽の上澄み水を海に送るといっても、無機水銀が水溶性でみかけだけ澄んだ水に溶けた無機水銀がそのまま流入することを、工場技術陣が知らぬ筈はなく、完工式は世論をあざむく応急処置であったことが後に判明する。

十二月下旬、不知火海沿岸三十六漁協にたいし、漁業補償一時金三千五百万円、立ちあがり融資六千五百万円を出すことを決定。ただし漁業補償金のうちから一千万円は、十一月二日の「乱入」で会社が受けた損害補塡金として差し引き返済させた。

水俣病患者互助会五十九世帯には、死者にたいする弔慰金三十二万円、患者成人年間十万円、未成年者三万円を発病時にさかのぼって支払い、「過去の水俣工場の排水が水俣病に関係があったことがわかってもいっさいの追加補償要求はしない」という契約をとりかわした。

おとなのいのち十万円
こどものいのち三万円
死者のいのちは三十万

と、わたくしはそれから念仏にかえてとなえつづける。

第三章　ゆき女きき書

五月

水俣市立病院水俣病特別病棟X号室
坂上ゆき　大正三年十二月一日生
入院時所見
三十年五月十日発病、手、口唇、口囲の痺れ感、震顫、言語障碍、言語は著明な断綴性蹉跌性を示す。歩行障碍、狂躁状態。骨格栄養共に中等度、生来頑健にして著患を知らない。顔貌は無慾状であるが、絶えず Atheotse 様 Chorea（舞踏病）運動を繰り返し、視野の狭窄があり、正面は見えるが側面は見えない。知覚障碍として触覚、痛覚の鈍麻がある。

三十四年五月下旬、まことにおくればせに、はじめてわたくしが水俣病患者を一市民として見舞ったのは、坂上ゆき（三十七号患者、水俣市月ノ浦）と彼女の看護者であり夫である坂上茂平のいる病室であった。窓の外には見渡すかぎり幾重にもくるめいて、かげろうが立っていた。濃い精気を吐き放っている新緑の山々や、やわらかくねって流れる水俣川や、磧《かわら》や、熟《う》れるまぎわの麦畑やまだ頭頂に花をつけている青いそら豆畑や、そのような景色を見渡せるここの二階の病棟の窓という窓からいっせいにかげろうがもえたち、五月の水俣は芳香の中の季節だった。

わたくしは彼女のベッドのある病室にたどりつくまでに、幾人もの患者たちに一方的な出遭《あ》いをしていた。一方的なというのは、彼らや彼女らのうちの幾人かはすでに意識を喪失しており、辛うじてそれが残っていたにしても、すでに自分の肉体や魂の中に入りこんできている死と否も応もなく鼻つきあわせになっていたのであり、人びとはもはや自分のものになろうとしている死をまじまじと見ようとするように、散大したまなこをみひらいているのだった。半ば死にかけている人びとの、まだ息をしているそのような様子は、いかにも困惑し、進退きわまり、納得できない様子をとどめていた。

たとえば、神の川の先部落、鹿児島県出水市米ノ津町の漁師釜鶴松《かまつるまつ》（八十二号患者、明治三十六年生―昭和三十五年十月十三日死亡）もそのようにして死につつある人びとの中にまじり、彼はベッドからころがり落ちて、床の上に仰向けになっていた。

彼は実に立派な漁師顔をしていた。鼻梁の高い頬骨のひきしまった、実に鋭い、切れ長のまなざしをしていた。ときどきぴくぴくと痙攣する彼の頬の肉には、まだ健康さが少し残っていた。しかし彼の両の腕と脚は、まるで激浪にけずりとられて年輪の中の芯だけが残って陸《おか》に打ち揚げられた一根の流木のような工合になっていた。それでも、骨だけになった彼の腕と両脚を、汐風に灼《や》けた皮膚がぴったりとくるんでいた。顔の皮膚の色にも汐の香がまだ失せてはいなかった。彼の死が急激に、彼の意に反してやって来つつあるのは彼の浅黒いひきしまった皮膚の色が完全にまだ、あせきっていないことを、一目見てもわかることである。

真新しい水俣病特別病棟の二階廊下は、かげろうのもえたつ初夏の光線を透《す》かしているにもかかわらず、まるで生ぐさい匂いを発しているほら穴のようであった。それは人びとのあげるあの形容しがたい「おめき声」のせいかもしれなかった。

「ある種の有機水銀」の作用によって発声や発語を奪われた人間の声というものは、医学的記述法によると〝犬吠え様の叫び声〟を発するというふうに書く。人びとはまさしくその記述法の通りの声を廊下をはさんだ部屋部屋から高く低く洩らし、そのような人びとがふりしぼっているいまわの気力のようなものが病棟全体にたちまよい、水俣病病棟は生ぐさいほら穴のように感ぜられるのである。

釜鶴松の病室の前は、ことに素通りできるものではなかった。わたくしは彼の仰むけになっている姿や、なかんずくその鋭い風貌を細部にわたって一瞬に見てとったわけではなかった。

彼の病室の半開きになった扉の前を通りかかろうとして、わたくしはなにかかぐろい、生きものの息のようなものを、ふわーっと足元一面に吹きつけられたような気がして、思わず立ちすくんだのである。

そこは個室で半開きになっているドアがあり、じかな床の上から、らんらんと飛びかからんばかりに光っているふたつの目が、まずわたくしをとらえた。つぎにがらんと落ち窪んでいる彼の肋骨の上に、ついたてのように乗せられているマンガ本が見えた。小さな児童雑誌の付録のマンガ本が、廃墟のように落ちくぼんだ彼の肋骨の上に乗せられているさまは、いかにも奇異な光景としてわたくしの視角に飛びこんできたのであるが、すぐさまそれは了解できることであった。

肘も関節も枯れ切った木のようになった彼の両腕が押し立てているポケット版のちいさな古びたマンガ本は、指ではじけばたちまち断崖のようになっている彼のみずおちのこちら側にすべり落ちそうな風情《ふぜい》ではあったが、ゆらゆらと立っていた。彼のまなざしは充分精悍さを残し、そのちいさなついたての向こうから飛びかからんばかりに鋭く、敵意に満ちてわたくしの方におそいかかってくるかにみえたけれども、肋骨の上においたちいさなマンガ本がふいにばったり倒れおちると、たちまち彼の敵意は拡散し、ものいわぬ稚ない鹿か山羊のような、頼りなくかなしげな眸の色に変化してゆくのであった。

明治三十六年生まれの、頬ひげのごわごわとつまった中高な漁師の風貌をした釜鶴松は、実さいその時完全に発語不能におちいっていたのである。彼には起こりつつある客観的な状勢、たとえば——水俣湾内において「ある種の有機水銀」に汚染された魚介類を摂取することによっておきる中枢神経系統の疾患——という大量中毒事件、彼のみに絞ってくだいていえば、生まれてこのかた聞いたこともなかった水俣病というものに、なぜ自分がなったのであるか、いや自分が今水俣病というものにかかり、死につつある、などということが、果たして理解されていたのであろうか。

なにかただならぬ、とりかえしのつかぬ状態にとりつかれているということだけは、彼にもわかっていたにちがいない。舟からころげ落ち、運びこまれた病院のベッドの上からもころげ落ち、五月の汗ばむ日もある初夏とはいえ、床の上にじかにころがる形で仰むけになっていることは、舟の上の板じきの上に寝る心地とはまったく異なる不快なことにちがいないのである。あきらかに彼は自分のおかれている状態を恥じ、怒っていた。彼は苦痛を表明するよりも怒りを表明していた。見も知らぬ健康人であり見舞者であるわたくしに、本能的に仮想敵の姿をみようとしたとしても、彼にすればきわめて当然のことである。

彼は自分をのぞいた一切の健康世界に対して、怒るとともに嫌悪さえ感じていたにちがいなかったのだ。そうでなければ死にかかっていた彼があんなにもちいさな役にも立たないマンガ本を遮蔽壕《しゃへいごう》のように、がらんとした胸の上におっ立てていたはずはないのだ。彼がマンガ本を読んでいたはずはなかった。彼の視力はその発語とともにうしなわれていたのであるから。ただ気配で、まだ死なないでいるかぎり残っている生きものの本能を総動員して、彼は侵入者に対《む》きあおうとしていた。彼はいかにもいとわしく恐ろしいものをみるように、見えない目でわたくしを見たのである。肋骨の上におかれたマンガ本は、おそらく彼が生涯押し立てていた帆柱のようなものであり、残された彼の尊厳のようなものにちがいなかった。まさに死なんとしている彼がそなえているその尊厳さの前では、わたくしは——彼のいかにもいとわしいものをみるような目つきの前では——侮蔑にさえ価いする存在だった。実さい、稚い兎か魚のようなかなしげな、全く無防禦なものになってしまい、恐ろしげに後ずさりしているような彼の絶望的な瞳のずっと奥の方には、けだるそうなかすかな侮蔑が感ぜられた。

わたくしが昭和二十八年末に発生した水俣病事件に閲々たる関心とちいさな使命感を持

ち、これを直視し、記録しなければならぬという盲目的な衝動にかられて水俣市立病院水俣病特別病棟を訪れた昭和三十四年五月まで、新日窒水俣肥料株式会社は、このような人びとの病棟をまだ一度も（このあと四十年四月に至るまで）見舞ってなどいなかった。この企業体のもっとも重層的なネガチーブな薄気味悪い部分は〝ある種の有機水銀〟という形となって、患者たちの〝小脳顆粒細胞〟や〝大脳皮質〟の中にはなれがたく密着し、これを〝脱落〟させたり〝消失〟させたりして、つまり人びとの死や生まれもつかぬ不具の媒体となっているにしても、それは決して人びとの正面からあらわれたのではなかった。それは人びとのもっとも心を許している日常的な日々の生活の中に、ボラ釣りや、晴れた海のタコ釣りや夜光虫のゆれる夜ぶりのあいまにびっしりと潜んでいて、人びとの食物、聖なる魚たちとともに人びとの体内深く潜り入ってしまったのだった。

死につつある鹿児島県米ノ津の漁師釜鶴松にとって、彼のいま脱落しつつある小脳顆粒細胞にとってかわりつつあるアルキル水銀が、その構造が $CH_3-Hg-S-CH_3$ であるにしても、$CH_3-Hg-S-Hg-CH_3$ であるにしても、老漁夫釜鶴松にはあくまで不明である以上、彼をこのようにしてしまったものの正体が、見えなくなっているとはいえ、彼の前に現われねばならないのであった。そして、くだんの有機水銀とその他〝有機水銀説の側面的資料〟となったさまざまの有毒重金属類を、水俣湾内にこの時期もなお流し続けている新日窒水俣工場が彼の前に名乗り出ぬかぎり、病室の前を横ぎる健康者、第三者、つまり彼以外の、人間のはしくれに連《つら》なるもの、つまりわたくしも、告発をこめた彼のまなざしの前に立たねばならないのであった。安らかにねむって下さい、などという言葉は、しばしば、生者たちの欺瞞《ぎまん》のために使われる。

このとき釜鶴松の死につつあったまなざしは、まさに魂魄《こんぱく》この世にとどまり、決して安らかになど往生しきれぬまなざしであったのである。

そのときまでわたくしは水俣川の下流のほとりに住みついているただの貧しい一主婦であり、安南、ジャワや唐《から》、天竺《てんじく》をおもう詩を天にむけてつぶやき、同じ天にむけて泡を吹いてあそぶちいさなちいさな蟹たちを相手に、不知火海の干潟を眺め暮らしていれば、いささか気が重いが、この国の女性年齢に従い七、八十年の生涯を終わることができるであろうと考えていた。

この日はことにわたくしは自分が人間であることの嫌悪感に、耐えがたかった。釜鶴松のかなしげな山羊のような、魚のような瞳と流木じみた姿態と、決して往生できない魂魄は、この日から全部わたくしの中に移り住んだ。

次の個室には八十四号患者——三十七年四月十九日死亡——が横たわっていた。彼にはもうほとんど意識はなかった。彼の大腿骨やくるぶしや膝小僧にできているすりむけた床ずれが、そこだけがまだ生きた肉体の色を、あのあざやかなもいろを残していた。そしてこの部屋には真新しい壁を爪でかきむしって死んだ芦北郡津奈木村の舟場藤吉――三十四年十二月死亡――のその爪あとがなまなましく残っていた。このような水俣病病棟は、死者たちの部屋なのであった。

つくねんとうつむいたきり放心しているエプロンがけの付添人たち（それは患者の母や妻や娘や姉妹やであった）を扉ごしにみて、わたくしは坂上ゆきの病室にたどりついたのである。このような特別病棟の様子は壮《さか》んな夏に入ろうとしているこの地方の季節から、すっぽりとずり落ちていた。

ここではすべてが揺れていた。ベッドも天井も床も扉も、窓も、揺れる窓にはかげろうがくるめき、彼女、坂上ゆきが意識をとり戻してから彼女自身の全身痙攣のために揺れつづけていた。あの昼も夜もわからない痙攣が起きてから、彼女を起点に親しくつながっていた森羅万象《しんらばんしょう》、魚たちも人間も空も窓も彼女の視点と身体からはなれ去り、それでいて切なく小刻みに近寄ったりする。

絶えまない小きざみなふるえの中で、彼女は健康な頃いつもそうしていたように、にっこりと感じのいい笑顔をつくろうとするのであった。もはや四十を越えてやせおとろえている彼女の、心に沁みるような人なつこいその笑顔は、しかしいつも唇のはしの方から消失してしまうのである。彼女は驚くべき性質の自然さと律義さを彼女の見舞人に見せようとしていた。ときどき彼女がカンシャクを起こすのは彼女の痙攣が強まるのでみてとれたが、それは彼女の自然な性情をあらわすべき肝心な動作が、彼女の心とは別に動くからであった。

「う、うち、は、く、口が、良う、も、もとら、ん。案じ、加え、て聴いて、はいよ。う、海の上、は、ほ、ほん、に、よかった。」

彼女の言語はあの、長くひっぱるような、途切れ途切れな幼児のあまえ口のような特有なしゃべり方である。彼女はもとらぬ（もつれる）口で、自分は生来、このような不自由な見苦しい言語でしゃべっていたのではなかったが、水俣病のために、こんなに言葉が誰とでも通じにくくなったのは非常に残念である、と恥じ入った。そのことはもちろん毫《ごう》も彼女の恥であるべきはずはなかったが、このように生まれもつかぬ見せもののような体になって恥かしいとかなわぬ口でいう彼女の訴えはしかし、もっともなことであるといえなくもないのであった。

——うちは、こげん体になってしもうてから、いっそうじいちゃん（夫のこと）がもぞか（いとしい）とばい。見舞にいただくもんなみんな、じいちゃんにやると。うちは口も震ゆるけん、こぼれて食べられんもん。そっでじいちゃんにあげると。じいちゃんに世話になるもね。うちゃ、今のじいちゃんの後入れに嫁に来たとばい、天草から。

嫁に来て三年もたたんうちに、こげん奇病になってしもた。残念か。うちはひとりじゃ前も合わせきらん。手も体も、いつもこげんふるいよるでっしょが。自分の頭がいいつけんとに、ひとりでふるうとじゃもん。それでじいちゃんが、仕様ンなかおなごになったわいちゅうて、着物の前をあわせてくれらす。ぬしゃモモ引き着とれちゅうてモモ引き着せて。そこでうちはいう。（ほ、ほん、に、じ、じい、ちゃん、しょの、な、か、お、おな、ご、に、なった、な、あ。）うちは、もういっぺん、元の体になろうごたるばい。親さまに、働いて食えといただいた体じゃもね。病むちゅうこたなかった。うちゃ、まえは手も足も、どこもかしこも、ぎんぎんしとったよ。

海の上はよかった。ほんに海の上はよかった。うちゃ、どうしてもこうしても、もういっぺん元の体にかえしてもろて、自分で舟漕いで働こうごたる。いまは、うちゃほんに情なか。月のもんも自分で始末しきれん女ごになったもね……。

うちは熊大の先生方に診てもろうたとですよ。それで大学の先生に、うちの頭は奇病でシンケイどんのごてなってしもうて、もうわからん。せめて月のもんば止めてはいよと頼んだこともありました。止めゃならんげなですね。月のもんを止めたらなお体に悪かちゅうて。うちゃ生理帯も自分で洗うこたできんようになってしもうたっですよ。ほんに恥ずかしか。

うちは前は達者かった。手も足もぎんぎんしとった。働き者じゃちゅうて、ほめられもしたのでした。うちは寝とっても仕事のことばっかり考ゆるとばい。

今はもう麦どきでしょうが。麦も播《ま》かんばならんが、こやしもする時期じゃがと気がもめてならん。もうすぐボラの時期じゃが、と。こんなベッドの上におっても、ほろほろ気がモメて頭にくるとばい。

うちが働かんば家内が立たんとじゃもね。うちゃだんだん自分の体が世の中から、離れてゆきよるような気がするとばい。握ることができん。自分の手でモノをしっかり握るちゅうことができん。うちゃじいちゃんの手どころか、大事なむすこば抱き寄せることがでけんごとなったばい。そらもう仕様もなかが、わが口を養う茶碗も抱えられん、箸も握られんとよ。足も地《じだ》につけて歩きよる気のせん、宙に浮いとるごたる。心ぼそか。世の中から一人引き離されてゆきよるごたる。うちゃ寂しゅうして、どげん寂しかか、あんたにゃわかるみゃ。ただただじいちゃんが恋しゅうしてこの人ひとりが頼みの綱ばい。働こうごたるなあ自分の手と足ばつこうて。

海の上はほんによかった。じいちゃんが艫櫓《ともろ》ば漕いで、うちが脇櫓ば漕いで。いまごろはいつもイカ籠やタコ壺やら揚げに行きよった。ボラもなあ、あやつたちもあの魚どもも、タコどももぞか(可愛い)とばい。四月から十月にかけて、シシ島の沖は凪《なぎ》でなあ――。

二丁櫓の舟は夫婦舟である。浅瀬をはなれるまで、ゆきが脇櫓を軽くとって小腰をかがめ、ぎいぎいと漕ぎつづける。渚の岩が石になり砂になり、砂が溶けてたっぷりと海水に入り交い、茂平が力づよく艫櫓をぎいっと入れるのである。追うてまたゆきが脇を入れる。両方の力が狂いなく追い合って舟は前へぐいとでる。

不知火海はのどかであるが、気まぐれに波がうねりを立てても、ゆきの櫓にかかれば波はなだめられ、海は舟をゆったりあつかうのであった。

ゆきは前の嫁御にどこやら似とる、と茂平はおもっていた。口重い彼はそんなことは気ぶりにも出さない。彼がむっつりとしているときは大がい気分のいいときである。ゆきが嫁入ってきたとき、茂平は新しい舟を下した。漁師たちは、ほら、茂平やんのよさよさ、舟も嫁ごも新しゅうなって！　と冷やかしたが、彼はむっと口をひき結んでにこりともしなかった。彼の気分を知っている人びとは満足げな目つきで、そのような彼を見やったものである。

二人ともこれまで夫婦運が悪くて前夫と前妻に死に別れ、網の親方の世話でつつましく灘《なだ》を渡りあって式をあげた。ゆきが四十近く、茂平は五十近くであった。

茂平やんの新しい舟はまたとない乗り手をえて軽かった。彼女は海に対する自在な本能のように、魚の寄る瀬をよくこころえていた。そこに茂平を導くと櫓をおさめ、深い藻のしげみをのぞき入って、

「ほーい、ほい、きょうもまた来たぞい」

と魚を呼ぶのである。しんからの漁師というものはよくそんなふうにいうものであったが、天草女の彼女のいいぶりにはひとしお、ほがらかな情がこもっていた。

海とゆきは一緒になって舟をあやし、茂平やんは不思議なおさな心になるのである。

あんころは今おもえばもう百間の海にゃ魚はおりよらんじゃったもん。うちは、水俣の漁師よりか、魚の居るとこは知っとりよったもん。沖に出てから、あんた、心配せんでよかばい。うちが舵とるけん、あんたが帆綱さえ握ってこちょこちょやれば、うちが良うかとこに連れてゆくけん。うちは三つ子のころから舟の上で育ったっだけん、ここらはわが

庭のごたるとばい。それにあんた、エベスさまは女ごを乗せとる舟にゃ情けの深かちゅうでっしょ。ほんによか風の吹いてきたばいあんた、思うとこさん連れてゆかるるよ。ほうらもうじき。

彼女はそんなふうに目を細めていつもひとりでしゃべっているのだった。茂平やんは鼻から息の抜けるような安らかな、声ともいえぬほどの返事をするのであったが、二人はそれで充分釣り合った夫婦であった。

魚はとれすぎるということもなく、節度ある漁の日々が過ぎた。

舟の上はほんによかった。

イカ奴《め》は素っ気のうて、揚げるとすぐにぷうぷう墨《すみ》ふきかけよるばってん、あのタコ奴《め》は、タコ奴はほんにもぞかとばい。

壺ば揚ぐるでしょうが。足ばちゃんと壺の底に踏んばって上目使うて、いつまでも出てこん。こら、おまや舟にあがったら出ておるもんじゃ、早う出てけえ。出てこんかい、ちゅうてもなかなか出てこん。壺の底をかんかん叩いても駄々こねて。仕方なしに手網《たび》の柄で尻をかかえてやると、出たが最後、その逃げ足の早さ早さ。ようも八本足のもつれもせずに良う交して、つうつう走りよる。こっちも舟がひっくり返るくらいに追っかけて、やっと籠におさめてまた舟をやりおる。また籠を出てきよって籠の屋根にかしこまって坐っとる。こら、おまやもううち家《げ》の舟にあがってからはうち家の者じゃけん、ちゃあんと入っとれちゅうと、よそむくような目つきして、すねてあまえるとじゃけん。わが食う魚《いお》にも海のものには煩悩のわく。あのころはほんによかった。

舟ももう、売ってしもうた。

大学病院におったときは、風が吹く、雨が降るすれば、思うことは舟のことばっかりじゃった。うちが嫁にきたとき、じいちゃんが旗立てて船下しをしてくれた舟じゃもん。我が子と変わらせん。うちはどげんあの舟ば、大事にしよったと思うな。艫も表もきれいに拭きあげて、たこ壺も引きあげて、次の漁期がくるまではひとつひとつ牡蠣《かき》殻落として、海の垢がつかんようにていねいにあつこうて、岩穴にひきあげて積んで、雨にもあわさんごとしよった。壺はあれたちの家じゃもん。さっぱりと、しといてやりよった。漁師は道具ば大事にするとばい。舟には守り神さんのついとらすで、道具にもひとつひとつ魂の入っとるもん。敬うて、釣竿もおなごはまたいでは通らんとばい。

そがんして大事にしとった舟を、うちが奇病になってから売ってしもうた。うちゃ、それがなんよりきつかよ。

うちは海に行こうごたると。

我が食う口を養えんとは、自分の手と足で、我が口は養えと教えてくれらいた祖《おや》さまに申しわけのなか。

うちのような、こんなふうな痙攣にかかったもんのことを、昔は、オコリ、オコリどんちいよったばい。昔のオコリどんさえも、うちのようには、こげんしたふうにゃふるえよらんだったよ。

うちは情なか。箸も握れん、茶碗もかかえられん、口もがくがく震えのくる。付添いさんが食べさしてくれらすが、そりゃ大ごとばい、三度三度のことに、せっかく口に入れてもろうても飯粒は飛び出す、汁はこぼす。気の毒で気の毒で、どうせ味もわからんものを、お米さまをこぼして、もったいのうてならん。三度は一度にしてもよかばい。遊んどって食わしてもろうとじゃもね。

いやあ、おかしかなあ、おもえばおかしゅうしてたまらん。うちゃこの前えらい発明ばして。あんた、人間も這うて食わるっとばい。四つん這いで。

あのな、うちゃこの前、おつゆば一人で吸うてみた。うちがあんまりこぼすもんじゃけん、付添いさんのあきらめて出ていかしてから、ひょくっとおもいついて、それからきょろきょろみまわして、やっぱり恥ずかしかもんだけん。それからこうして手ばついて、尻ばほっ立てて、這うて。口ば茶碗にもっていった。手ば使わんで口を持っていって吸えば、ちっとは食べられたばい。おかしゅうもあり、うれしゅうもあり、あさましかなあ。扉閉めてもろうて今から先、這うて食おうか。あっはっはっは。おかしゅうしてのさん。人間の知恵ちゅうもんはおかしなもん。せっぱつまれば、どういうことも考え出す。

うちは大学病院に入れられとる頃は気ちがいになっとったげな。ほんとに気ちがいになっとったかも知れん。あんときのこと、おもえばおかしか。大学病院の庭にふとか防火用水の堀のありよったもんな。うちゃひと晩その中につかっとったことのあるとばい。どげん気色のしよったっじゃろ、なんさまかなしゅうして世の中のがたがたこわれてゆくごたるけん、じっとしてしゃがんどった。朝になってうちがきょろっとしてそげんして水の中につかっとるもんやけん、一統づれ(みんな揃って)、たまがって騒動じゃったばい。あげんことはおかしかなあ。どげんふうな気色じゃろ。なんさま今考ゆれば寒か晩じゃった。

うちゃ入院しとるとき、流産させらしたっばい。あんときのこともおかしか。なんさま外はもう暗うなっとるようじゃった。お膳に、魚の一匹ついてきとったもん。うちゃそんとき流産させなはった後じゃったけん、ひょくっとその魚が、赤子《やや》が死んで還ってきたとおもうた。頭に血の上るちゅうとじゃろ、ほんにああいうときの気持ちというものはおかしかなあ。

うちにゃ赤子《やや》は見せらっさんじゃった。あたまに障るちゅうて。

うちは三度嫁入りしたが、ムコ殿《どん》の運も、子運も悪うて、生んでは死なせ、育てては死なせ、今度も奇病で親の身が大事ちゅうて、生きてもやもや手足のうごくのを機械でこぎ出さした。申しわけのうして、恥ずかしゅうしてたまらんじゃった。魚ばぼんやり眺めとるうちに、赤子《やや》のごつも見ゆる。

早う始末せんば、赤子《やや》しゃんがかわいそう。あげんして皿の上にのせられて、うちの血のついとるもんを、かなしかよ。始末してやらにゃ、女ごの恥ばい。

その皿ばとろうと気張るばってん、気張れば痙攣のきつうなるもね。皿と箸がかちかち音たてる。箸が魚ばつつき落とす。ひとりで大騒動の気色じゃった。うちの赤子《やや》がお膳の上から逃げてはってく。

ああこっち来んかい、母《かか》しゃんがにきさね来え。

そうおもう間もなく、うちゃ痙攣のひどうなってお膳もろともベッドからひっくり返ってしもうた。うちゃそれでもあきらめん。ベッドの下にぺたんと坐って見まわすと、魚がベッドの後脚の壁の隅におる。ありゃ魚じゃがね、といっときおもうとったが、また赤子《やや》のことを思い出す。すると頭がパアーとして赤子《やや》ばつかまゆ、という気になってくる。つかまえようとするが、こういう痙攣をやりよれば、両の手ちゅうもんはなかなか合わさらんもんばい。それがひょこっと合わさってつかまえられた。

逃ぐるまいぞ、いま食うてくるるけん。

うちゃそんとき両手にゃ十本、指のあるということをおもい出して、その十本指でぎゅうぎゅう握りしめて、もうおろたえて、口にぬすくりつけるごとして食うたばい。あんときの魚は、にちゃにちゃ生臭かった。妙なもん、わが好きな魚ば食うとき、赤子《やや》ば食うごたる気色で食いよった。奇病のもんは味はわからんが匂いはする。ああいう気色のときが、頭のおかしうなっとるときやな。かなしかよ。指ばひろげて見ているときは。

うちは自分でできることは何もなか。うちは自分の体がほしゅうしてたまらん。今は人の体のごたる。

うちは何も食べとうなかけれど、煙草が好きじゃ。大学病院ではうちが知らんように、頭に障るちゅうて煙草は止めさせてあった。それでじいちゃんも外に出て隠れて吸いよらしたとばい。

どうにか歩けるようになってから診察受けに出たときやった。

廊下に吸殻が落ちとるじゃなかな。

頭にきてからこっち、吸いよらんじゃろ。あんたもう嬉しゅうして。

わあー、あそこに吸殻の落ちとるよ、うれしさ、うれしさ。よし、あそこまでいっちょまっすぐ歩いてゆこうばい。そう思うて、じいっと狙いを定めるつもりばってん、だいたいがこう千鳥足でしか歩けんじゃろ。立ち止まったつもりがゆらゆらしとる。それでも自分ではじいっと狙いをつけて、よし、あそこまで三尋《みひろ》ばっかりの遠さばい、まっすぐ歩いて外さぬように行きつこうばい。

そう思うてひとあし踏み出そうとするばってん、いらいらして足がもつれるようで前に出ん。ああもう自分の足ながらいうことききかんね、はがゆさねえとカーッと、頭に来て、そんときまた、あのひっくりかえるような痙攣の来た。

あんた、あの痙攣な、ありゃああんまりむごたらしかばい。むごたらしか。

自分の頭が命令せんとに、いきなりつつつつうーと足がひとりでに走り出すとじゃけん。止まろうと思うひまもなか。

そうやっていきなり走り出して吸殻を通りすぎた。しもうた、またあの痙攣の出た、と思いながら目はくらくらしだす。ちょっと止まる。やっと後を向く。向いた方にゆこうと思うけど、足がいうことをきかん。

じ、じ、じいちゃん！　た、た、お、れるよっ！　じいちゃんが後ろから支える。体が後ろに突張るとばい。それで後ろさね走るようにして、倒れるときは後ろにそっくり返って倒れるとばい。そうすると今度は倒れとるヒマもなか。すぐまた痙攣が来て跳ね起きて走り出す。うちゃガッコのころの運動会でも、あげなふうに跳ねくり返って走ったことはなかった。自分の足がいうことをきかずにあっちでもこっちでも馬鹿んごと走り出すとじゃもん。

吸殻のあるところば中心にして、自分もひとも止められんごつして走りまわる。そこらじゅうにおる人間たちも、うったまがっとるが、本人になればどげんきつかですか。涙が出る。息はもうひっ切れそうになる。そのうちぱたっと痙攣が止んで、足が突っぱってしもうた。そして、息が出るようになる。きょろきょろして、あれ、吸殻はどこじゃったけ、と思うとる。やっと口をぱくぱくしながら、じいちゃん、あの煙草が欲しかとよ、ちゅうたら、じいちゃんが泣いて、好きなものなら、今のうちにのませてもよかじゃろちゅうて、そんときからちいっとずつ、吸わせてくるるようになった。それでも一日三分の一本しか吸わせてくれんもん。

熊本医学会雑誌（第三十一巻補冊第一、昭和三十二年一月）

猫における観察

本症ノ発生ト同時ニ水俣地方ノ猫ニモ、コレニ似タ症状ヲオコスモノガアルコトガ住民ノ間ニ気ヅカレテイタガ本年ニハイッテ激増シ現在デハ同地方ニホトンド猫ノ姿ヲ見ナイトイウコトデアル。住民ノ言ニヨレバ、踊リヲ踊ッタリ走リマワッタリシテ、ツイニハ海ニトビコンデシマウトイウ、ハナハダ興味深イ症状ヲ呈スルノデアル。ワレワレガ調査ヲハジメタコロニハ、同地方ニハカカル猫ハオロカ、健康ナ猫モホトンド見当ラナカッタガ、保健所ノ厚意ニヨリ、生後一年クライノ猫ヲ一頭観察スルコトガデキタ。ソノ猫ハ動作ガ緩慢デ横ニユレルヨウナ失調性ノ歩行ヲスル。階段ヲオリル時ニ脚ヲ踏ミハズシタガ、コレハオソラク目ガミエナイコトモ原因ノ一ツト考エラレタ。魚ヲ鼻先ニ持ッテユクト、付近ヲ嗅ギマワルノデ嗅覚ノ存在スルコトハワカル。皿ニイレタ食餌ヲアタエタ場合、皿ニ噛ミツクトイウ状態モミラレタ。発作時以外ニ鳴クコトモナク、耳モ聞エナイヨウデ、耳ノソバデ手ヲタタイテモ反応ガナイ。興味アルコトハ、嗅覚ガ刺激トナッテ、ツギニノベルヨウナ痙攣発作ガオコルコトデアル。ワレワレガ鼻ノ先ニ魚ヲツキツケルト、数回、痙攣発作ヲ誘発シタ。シカシ魚ヲ食ベサセルト発作ヲオコサナカッタノデタンナル嗅覚刺激トイウヨリモ、食ベタイトイウ強イエモーションガ刺激ニナルノカモシレナイ。マタ発作ト発作ノ間ニハ、アル程度ノ間隔ガ必要デ、発作ノ直後ニ魚ノ臭ヲ嗅ガセテモ、発作ハオコラナカッタ。マタ発作ハ嗅覚刺激ノホカ偶発的ニモアラワレタ。

発作ガアラワレルト、猫ハ特有ナ姿勢ヲトル。スナワチ魚ヲ探シマワッテイタ場合ハタチ止リ、スワッテイタ場合ハ立チ上リ、右マタハ左ノ後脚ヲアゲル。同時ニ流涎ガ著明デ、咀嚼運動ガ見ラレルコトモアル。ソノ後チョットヨロメイテ、発作ノ頓挫スルコトモアルガ、ツイデ他側ノ後脚デ地面ヲ軽クケルヨウナ運動ヲスル。前脚ハ固定シタママ後脚デ地面ヲケルタメ、人間ノ逆立チト同様、体ガ浮キ上ガルヨウニナル。ワレワレハコレヲ倒立様運動トヨンデイル。二、三回倒立様運動ガアッテ、痙攣ガ全身ニオヨブト、猫ハ横倒シニナリ、四肢ヲバタツカセル。右側ニ倒レタラ左脚ハ強直性、右脚ハ間代性ノ痙攣ヲオコシタコトモアッタガ、マタ反対側ニ倒レテ痙攣中二、三回、体ヲ反転スルコトモアッタ。トキニハ倒立様運動ヲシナイデ、痙攣ノオコルコトモアッタ。全身痙攣ハ約三十秒ナイシ一分ツヅキ、ツイデ猫ハ起キアガリ、付近ヲ走リマワル。コノ場合走リダシタラ止マルコトヲ知ラズ、狭イ部屋デハ、壁ニブツカッテ向キヲ変エテ走リ、反対側ノ壁ニ突進スル、トイッタ状態デ、水俣地方デ水ニ飛ビコンダトイワレルノハ、オソラクコノヨウナ状態デアッタト思ワレル。コノ運動ハ非常ニ激烈デ、手デハ制止シエナイホドデアッタ。一分グライデコノ走リ回リ運動ガスムト、異様ナ奇声ヲ発シナガラ、アタリヲ無差別ニ歩キマワル。コノ時ノ歩キ方モヤハリ失調性デアル。マタコノトキ流涎ノ著明ナコトモアッタ。三十秒歩キマワッタ末、放心シタヨウニスワリコム。以上ノヨウナ発作ノ全経過ハ約五分デアッタ。本例ハ観察一日デ、不慮ノ水死ヲ遂ゲタ。

それからうちはあの、肺病さんたちのおらす病棟に遊びにゆきおったたい。

あんた、うちたちゃはじめ肺病どんのにきの病棟につれてゆかれて、その肺病やみのもんたちからさえきらわれよったとばい。水俣から奇病の者の来とる、うつるぞちゅうて。それでそのうちたちのおる病棟の前をば、その肺病の者たちが、口に手をあてて、息をせんようにして走って通りよる。自分たちこそ伝染病のくせ。はじめは腹の立ちよった。なにもすき好んで奇病になったわけじゃなし。そういう特別の見せもんのように嫌われるわけはなかでっしょ。奇病、奇病ち指さして。

それでも後じゃ、その人たちとも打ちとけて仲良うなってから、うちは煙草の欲しかときはもらいに行きよった。

うちは、ほら、いつも踊りおどりよるように、こまか痙攣をしっぱなしでっしょ。

それで、こうして袖をはたはた振って、大学病院の廊下ば千鳥足で歩いてゆく。

こ、ん、に、ちわあ、

うち、踊りおどるけん、見とる者はみんな煙草出しなはる！ほんなこて、踊りおどっとるような悲しか気持ちばい。そういう風にしてそこらへんをくるうっとまわるのよ。からだかたむけて。

　みんなげらげら笑うて、手を打って、ほんにあんたは踊りの上手じゃ、しなのよか。踊りしに生まれてきたごたる。

　ここまで踊って来《こ》んかいた、煙草やるばい。そぎゃん酔食《えく》らいのごて歩かずに、まっすぐ来《こ》んかいた。

　ほらほら、あーんして、煙草くわえさせてあぐるけん。落とさんごとせなんよ。

　うちは自分の手は使えんけん、袖をばたばたさせたまま、あーんして、踊ってゆくもんな。くわえさせてもろて、それからすぱすぱ煙ふかして、すましてそこらへんをまわりよった。みんなどんどん笑うて、肺病の病棟の者は、ずらありと鳥のごと首出して、にぎやいよったばい。うちゃえらい名物になってしもうた。

　大学病院のあるところはえらいさみしかとこやったばい。樟《くす》の大木のにょきにょき枝をひろげて、草のぼうぼう生えて。昔お城のあった跡げなで、熊本の街からぽかっと一段高うなっとる原っぱじゃった。下の方の熊本の街はにぎやいよるばってん、そこだけは昔のお城のあとで、夜さりになれば化物のごたる大きな樟の木がにょきにょき枝ひろげて、しーんとして、さみしかとこやった。ああ想い出した。そこは藤崎台ちゅう原っぱやった。あんた、大学病院ちゅうとこは、よっぽどよか所のごと思うでしょ、それがあんた、藤崎台の病院ちゅうとザーッとした建物の、うちらへんの小学校の方が、よっぽどきれいかよ。そんな原っぱの中のゆがんどるような病院の中に、うちら格好のおかしな奇病の者たちが〝学用患者〟ちゅうことで、まあ珍しか者のように入れられとる。うちたちにすれば、なおりたさ一心もあるけれど、なおりゃせんし、なんやらあの、オリの中に入れられとるような気にもなってくる。うちは元気な体しとったころは歌もうたうし、ほんなこて踊りもおどるし、近所隣の子どもたちとも大声あげて遊ぶような、にぎやわせるのが好きなたちだったけん、うちはもう、こういう体になってしもうて、自分にも人にも大サービスして、踊ってされきよるわけじゃ。

夜さりになれば、ぼかーっとしてさみしかりよったばい。みんなベッドに上げてもろうて寝とる。夜中にふとん落としても、病室みんな、手の先のかなわん者ばっかり。自分はおろか、人にもかけてやるこたできん。口のきけん者もおる。落とせば落としたままでしいんとして、ひくひくしながら、目をあけて寝とる。さみしかばい、こげん気持ち。

陸《おか》に打ちあげられた魚んごつして、あきらめて、泪ためて、ずらっと寝とるとばい。夜中に自分がベッドから落ちても、看護婦さんが疲れてねむっとんなさるときは、そのまんまよ。

晩にいちばん想うことは、やっぱり海の上のことじゃった。海の上はいちばんよかった。

春から夏になれば海の中にもいろいろ花の咲く。うちたちの海はどんなにきれいかりよったな。

海の中にも名所のあっとばい。「茶碗が鼻」に「はだか瀬」に「くろの瀬戸」「ししの島」。

ぐるっとまわればうちたちのなれた鼻でも、夏に入りかけの海は磯の香りのむんむんする。会社の臭いとはちがうばい。

海の水も流れよる。ふじ壺じゃの、いそぎんちゃくじゃの、海松じゃの、水のそろそろと流れてゆく先ざきに、いっぱい花をつけてゆれよるるよ。

わけても魚どんがうつくしか。いそぎんちゃくは菊の花の満開のごたる。海松は海の中の崖のとっかかりに、枝ぶりのよかとの段々をつくっとる。

ひじきは雪やなぎの花の枝のごとしとる。藻は竹の林のごたる。

海の底の景色も陸《おか》の上とおんなじに、春も秋も夏も冬もあっとばい。うちゃ、きっと海の底には龍宮のあるとおもうとる。夢んごてうつくしかもね。海に飽くちゅうこた、決してなかりよった。

どのようにこまんか島でも、島の根つけに岩の中から清水の湧く割れ目の必ずある。そのような真水と、海のつよい潮のまじる所の岩に、うつくしかあをさの、春にさきがけて付く。磯の香りのなかでも、春の色濃くなったあをさが、岩の上で、潮の干いたあとの陽にあぶられる匂いは、ほんになつかしか。

そんな日なたくさいあをさを、ぱりぱり剝《は》いで、あをさの下についとる牡蠣《かき》を剝いで帰って、そのようなだしで、うすい醤油の、熱いおつゆば吸うてごらんよ。都の衆たちにゃとてもわからん栄華ばい。あをさの汁をふうふういうて、舌をやくごとすらんことには春はこん。

自分の体に二本の足がちゃんとついて、その二本の足でちゃんと体を支えて踏んばって立って、自分の体に二本の腕のついとって、その自分の腕で櫓を漕いで、あをさをとりに行こうごたるばい。うちゃ泣こうごたる。もういっぺん——行こうごたる、海に。

もう一ぺん人間に

天草女《おな》ごは情の深かとじゃけん。そういって茂平の網の親方が、ゆきを世話してくれてから発病するまで三年と暮らしていなかった。娘たちを嫁にやってしまうまで、律儀《りちぎ》な彼はながいこと後をいれずにいたので、やっぱりむこうも後家で子も連れとらんそうじゃ、気さくはよし、手はかなうとる、きりょうも漁師のかか女には上の方じゃ、相手がおらにゃ舟も出ん、もらえ、と親方がいったのである。

そのゆきが、夕食をしまえて針をもちながら、ときどき首をふって、しきりに目をこするようになった。ゆきの目は、松葉が飛ぶような沖のイリコの群を部落の山の上から見おせる目なのである。それが、洗濯物をかかえて部落の湧き水のところに行って、帰りには水を吸うた洗濯物をぽとぽとと落としてくるようになった。落としてくることを自分では知らないのである。

だんだん口重くなって、考えこんでいるふうである。五月のタコ壺を揚げながら、ゆきはひとことずつ区切り区切りしながらいった。

「あんた、うちは、このごろ、なしてか、ちいっと、力の弱ったごたる。この壺も、一心に、あげよるばってん、なしてか、綱が手の先はずれて、ひじも、力がはいらん。婦人科の、悪かごつもなかが、どうしてやろか」

茂平は不安をこらえていった。

「働きすぎじゃろわい、ちったあ、ゆっくりせんけんじゃ」

あんた、とゆきは黙って、しばらくして、

「ウインチば、買うたらどげんじゃろ。うちの腕は、だいぶん前から、かなわんようになっとるとじゃもん。あんたひとりで、巻き上げは体にムリじゃけん。うちが嫁入りにもってきた舟道具売れば、ウインチ買えるばい」

茂平の厚い胸は動悸をうち、二人とも黙ってしまった。ゆきが嫁に来た年とすればここ二、三年、漁がへったと部落中がいいだしていた。そういえば茂平も自分の漁場を見捨てて、天草育ちのゆきの櫓に導かれて場所を変えている。

部落の高台にある網の親方の家から、

「おーい、魚のたおるるぞうー」

というよび声も久しく聞かないのである。高台の石垣の上から湾の色をみていると、波のひかりの影に宿って、さざめくようにピッピッと飛び交うタレソや鰯の大群がみえるのである。そのような魚の〝たおれ〟て宿っている湾の色をみつけると、朝であろうと夕方であろうと、ほら貝とともに親方の声が、部落の前の湾にひびき渡る。

「おーい、魚のたおるるぞうー」

網子たちは男も女も家を出て呼びあいながら駈け出して、部落じゅうが舟を出す。小魚の群が波の表を染める時は、沖の深みに小魚を追ってきたタチや、サワラや、コノシロの大群が潜行しているのである。年寄りも子どもも舟の持ち場につく。夕方から出かけるときは網を入れたその舟たちが一せいに魚寄せのかがりを焚く。舟はぐるぐる網をせばめてまわりながら魚たちを寄せる。櫓を漕ぐ者、かぐらをまわす者、舵をとる者。灯と灯は呼びあい漁師たちの声はひとつになる。

えっしんよい、えっしんよい。

えっしんよい、えっしんよい。

調子は早くなり、暗い海の隅々をたぐり寄せるしぶきの中で、筋くれた皆の手が揃う。網の中の魚たちも応える。応える一匹一匹の尾や頭のはね工合まで、網の重みで漁師たちにはわかるのである。なにしろ海はいつも生きていた。それがめっきり、魚のたおるるぞう、と村中でよびあう声をきかなくなっていた。

猫たちの妙な死に方がはじまっていた。部落中の猫たちが死にたえて、いくら町あたりからもらってきて、魚をやって養いをよくしても、あの踊りをやりだしたら必ず死ぬ。

猫たちの死に引きつづいて、あの「ヨイヨイ」に似た病人が、一軒おきくらいにひそかにできていた。中風ならば老人ばかりかかるはずなのに、病人は、ハッダ網のあがりのときなど、刺身の一升皿くらいペロリと平らげるのが自慢の若者であったり、八ヵ月腹の止《とどむ》しゃんの若嫁御であったり学校前の幼児であったりした。止しゃんの嫁御とは、湧き水のところでゆきもよく洗濯が一緒になることがある。

おら、今度の妊娠には、足のほろうなって、片っ方に片っ方の足の引っかかって、ほんに恥ずかしかごと転んでばっかりおるとばい、脚気《かっけ》やろか、ほら、洗濯物の手の先にマメらん、とその嫁御はいうのである。えらいこんわれも、ゆっくりものをいうようになったなあと思って、見ると、止しゃんの嫁御は前を、つくろいもせずに大儀そうにぼんやりとして、それが水にうつって、目だけがかっとみひらいているのである。あの嫁御もヨイヨイ病じゃなかろか、このごろ、前もあっぽんぽんにして、仕様んなか嫁御じゃ、と、この前、ゆきは茂平に話したことがあったのである。

「うちも、ヨイヨイ病じゃ、なかろ、か」

そうゆきはいった。

味わったことのないような不安が茂平を押しつつみ、二人はどちらからともなく、一緒になってからはじめて舟の上で、ながいことぼんやりしていた。

「ぬしが病気なら、ウインチより、医者どんが先じゃ」

と茂平はいい、ふたりはもつれながら錨を揚げ、櫓をとった。


村の病院では、別にどこも悪いところはなかごたるが、まあ栄養のちいっと足りんごたるけん、身につく物ば食べてみなっせ、ということだった。手足がなんとなくしびれて、よくつまずくのは皆の症状だったが、梅雨前の雨がきまぐれに寒いゆえかもしれないし、それに近ごろはアメリカからも支那からも放射能というものも降ってくるというから、用心したに越したことはない、と二人はいい合ったが、口のまわりの筋肉がなんだか鈍く張っていて、ゆきはものがいいにくく、唇に指を当ててみるが、指に唇が触れる感じも両方から鈍く心細くへだてられているのである。

茂平は一丁櫓にして沖へ出たが、舟を降りて陸へもどると、生簀《いけす》の中から素性の良さそうな魚を選んできて、おっくうがるゆきに替って土間に洗い桶をかかえ出して据え、まな板を乗せて踏んばり、びくびく動く魚のうろこをはいだ。水甕《がめ》の水も冷たくとり替えて刺身をとり、塩湯を沸かしてタコを茹《ゆ》で、塩湯の下のカマドの中にくべていて焼きあがったグチ魚の頭と尾を捧げるように両手にもって、薪のくすぼりを吹き吹き、土間をあがってくるのである。

「ぬしが魚じゃ、うんと食え」

と茂平はいう。ぶりぶり引きしまっているはずの刺身が妙に頼りない舌の遠くに逃げて、布ぎれのような味気ない口ざわりになるのを、ごくんごくんと呑みくだしながら、ゆきは嬉しそうな顔つきをしていた。

から藷《いも》の作りつけがすむころ、ときどきうねにしゃがみ込んで立ちあがれぬこめかみから、土用もこぬのに汗がとめどなく吹き出した。

足首をさすり、脛をさすり、腿をさすり、ふるえだした両足をひきずって彼女は、灸をすえに通った。街の病院に行き出している者もあったが、彼女はまた病院で栄養失調などといわれては、爺ちゃんにすまないと思ったのである。それに爺ちゃんの稼ぎは、自分が舟に乗れなくなってから、ほとんど金になっていない。

わずらいらしいことは、最初の嫁入りの冬、お多福風邪を病んだぐらいの達者な体であり、更年期に近いので、神経痛か脚気の気が出はじめたかと思いたかった。針灸院には、青ぶくれした神経痛の両ひざを立ててかがんでいる婆さまや、乳腫れを抱えたうら若い母親などが肌脱ぎになって、互いの病患をさすりあっていた。

「冬のあいだは、灸も、ホンゴホンゴと体のぬくもってよかばってん、今年の夏はもうから、いつもより、えらい暑かりようの違うばい」

と婆さまたちはいい、ゆきの震えを見ながら、その灸焼き仲間たちは、

「あんたも、月ノ浦のハイカラ病になったかな」

といった。刺身の一升ぐらいは朝晩にナメんと、漁師がたなかばい、といっていた剛気な網の親方の益人《ますと》やんが、朝舟からコノシロを入れた手網をかついで降りがけに、あれ、おるも、ちいっと左の腕のしびれたごたるよ、月ノ浦のハイカラ病にかかったかもしれんぞ、と冗談をいって笑った。土間に手網をおいて、息子の嫁女の話で出水からやってきた客のために、酒盛りの魚ごしらえをして、その接待を、たしかに十二時すぎまでつとめていたが、いつもは朝の早い益人やんが朝めしに出てこぬので、女房が毛布をはたきあげてみると、もうかすかに目ばかりをとろんとさせて、いくらゆすって呼んでも、コケのように口をひくひくあけて、あう、あう、と声を出すばかりだったのである。

つづけて、嫁女をもらう段取りになっていた息子と、女房が、すぐふたりとも動けなくなってしまったのである。益人やんの家族は三人とも〝学用患者〟というものになって熊

大につれてゆかれた。益人やんは二十日あまり、声の出ぬ口をあけたままに病んで、いい置きもできずに死んだのである。中風になるには早い四十五歳であった。

猫のいなくなった部落の家々に鼠がふえた。

台所といっても大方が窓もない土間の隅に水甕がひっそり置かれ、水甕の陰に鱗のこびりついた洗い桶があり、茶碗を置く棚が申しわけに外につき出してあるくらいだし、鼠たちは遠慮なしに赤土でこねたへっついの上にかけあがり、鉄鍋の上を通り水甕の縁に飛び移り、吊るされた鈎《かぎ》の手に飛んで伝って、手籠の中に入ったりするのである。吊りさげられた手籠の中には、ゆでたじゃがいもの、食べのこしの薄皮などが入っていたりするのである。鼠たちはすぐそのような土間から石垣道にくぐり出る。おぼろな月明りの道を横切り、石垣をくぐって舟へ飛んで、手ぐりの釣糸やうず高く積まれてひさしく使わない網などを片っ端から嚙んだ。ひたひたと打つ夜ふけの波の間に、カリリ、カリリ、と石垣にそってつながれている舟のあちこちで、夜ごとに音がするのである。舟たちは曳き綱をながくのばして、鼠を逃れていた。

沖の糠餌《ぬかえ》には寄らないボラやチヌの大魚が、ふらふらと朝の渚にたどりつく。水あそびしているちいさな子どもたちは、キャッキャッと声をあげながら、波の間からそのような魚を抱えあげてくるのだった。ボラもチヌも、捉えられると、背びれや胸びれをいっぱいにぴぃんと拡げたまま、かすかに、ぴち、ぴち、とふるえていた。

　国道三号線は熱いほこりをしずめて海岸線にそってのび、月ノ浦も茂道も湯堂も、部落の夏はひっそりしていた。子どもたちは、手応えのない魚獲りに飽きると渚を走り出す。岩陰や海ぞいにつづく湧き水のほとりで、小魚をとって食う水鳥たちが、口ばしを水に漬けたまま、ふく、ふく、と息をしていて飛び立つことができないでいた。子どもたちが拾いあげると、だらりとやわらかい首をたれ、せつなげに目をあけたまま死んだ。鹿児島県出水郡米ノ津前田あたりから水俣湾の渚は、茂道、湯堂、月ノ浦、百間、明神《みょうじん》、梅戸《うめど》、丸島《まるしま》、大廻《おおまわ》り、水俣川川口の八幡舟津《はちまんふなつ》、日当《ひあて》、大崎《うざき》ヶ鼻、湯の児の海岸へと、そのような鳥たちの死骸がおちており、砂の中の貝たちは日に日に口をあけて、日が照ると、渚はそれらの腐臭が一面に漂うのである。

　海は網を入れればねっとりと絡みついて重く、それは魚群を入れた重さではなかった。工場の排水口を中心に、沖の恋路島《こきじま》から袋湾、茂道湾、それから反対側の明神ヶ崎にかけて、漁場の底には網を絡《から》める厚い糊状の沈澱物があった。重い網をたぐれば、その沈澱物は海を濁《にご》して漂いあがり、いやな臭いを立てた。漁民たちはその臭いから追われるように魚の気の少ない網をふり濯《すす》いで帰ってくる。高台から見る海はよどみ、べっとりした暗緑色だった。見てみろ、海が海の色しとらんぞ、部落の者は寄り寄りそういって坂道に佇んだ。若者たちは眼を光らせて舟を乗りまわし、ドベ臭くなった海の臭いを嗅いできて、あそこも臭かった、そこも臭うなっとるぞといいあった。

土用が来て、村の針灸院にはもぐさの煙がたちこめていて、煙の下に這う人びとの中でハイカラ病が増えた。坂道のところの段々畑も、まばらな針葉樹の林道も、村全体が炒《い》り上げられるようだった。赤土のところを茂平に背負われ、リヤカーに便乗させてもらってきたゆきは、背中から腕、足じゅうに火のともったもぐさを、びっしりつけたまま、急に、う、う、うう、と呻《うめ》き声をあげて跳ねあがり、驚いた皆が押え切れぬような恐ろしい力で、開けはなされた針灸院の障子を突き外して暴れまわり、縁から転げて悶絶した。

ゆきや、止しゃんの嫁御や、網元の末娘など十人くらいが、二岬ほど先の海のそばの街の伝染病院にかつぎこまれて間もなく、白い上衣を着た熊本の大学病院の先生方やら、市役所の人々が来て、一日がかりで村中の診察と調査が念入りに行なわれ、生活ぶりを、中でも食い物のことなどを聞かれ、軽い「よいよい」状の者たちは特に調べようがながかった。

昭和四十年五月三十日

熊本大学医学部病理学武内忠男教授研究室。

米盛《よねもり》久雄のちいさな小脳の切断面は、オルゴールのようなガラス槽の中に、海の中の植物のように無心にひらいていた。うすいセピア色の珊瑚《さんご》の枝のような脳の断面にむきあっていると、重く動かぬ深海がひらけてくる。

ヨネモリ例ノノウショケンハヨクコレデセイメイガタモテルトオモワレルホド荒廃シテイテ、ダイノウハンキュウハ——大脳半球ハアタカモハチノス状ナイシ網状ヲテイシ、ジッシツハ——実質ハホトンド吸収サレテイタ。小脳ハチョメイニ萎縮シ灰質ガキワメテ菲薄ニナッテイタ。シカシ脳幹、セキズイハヒカクテキヨクタモタレテイタ。タダレイガイテキニ亜急性例経過ノヤマシタ例デミギガワレンズ核ガホトンド消失シテイタ。コノヨウニ本症ノケンキュウトトリ組ンダ初期ノボウケンレイ——剖検例デレンズ核ノショウガイガツヨイ例ヲミタノデハジメマンガン中毒ヲユウリョスベキデアルトカンガエタガ、ソノゴノ剖検例デハカヨウナ症状ハ一例モナク、ゲンザイデハマンガン中毒ヲヒテイシテイル。

ビョウリガクタケウチキョウジュノコトバ

「ビョウリガクハ死カラシュッパツスルノデスヨ」

病理学は死から出発するのですよ。

米盛久雄、昭和二十七年十月七日生、患者番号十八、発病昭和三十年七月十九日、死亡年月日、昭和三十四年七月二十四日、患家世帯主米盛盛蔵、家業大工、住所熊本県水俣市出月、水俣病認定昭和三十一年十二月一日。

水俣市役所衛生課水俣病患者死亡者名簿に記載された七歳の少年の生涯の履歴は、はかなく単純ですっきりしていて、それは水槽の中のセピア色の植物のような彼の小脳にふさわしかった。

この日私は武内教授にねがい、ひとりの女体の解剖にたちあった。

——大学病院の医学部はおとろしか。

ふとかマナ板のあるとじゃもん、人間ば料《こさ》えるマナ板のあっとばい。

そういう漁婦坂上ゆきの声。

いかなる死といえども、ものいわぬ死者、あるいはその死体はすでに没個性的な資料である、とわたくしは想おうとしていた。死の瞬間から死者はオブジェに、自然に、土にかえるために、急速な営みをはじめているはずであった。病理学的解剖は、さらに死者にとって、その死が意志的に行なうひときわ苛烈な解体である。その解体に立ち合うことは、わたくしにとって水俣病の死者たちとの対話を試みるための儀式であり、死者たちの通路に一歩たちいることにほかならないのである。

　ちいさなみどり色の鉛筆とちいさな手帳を私は後ろ手ににぎりしめていた。肋骨のま上から「恥骨上縁」まで切りわけられて解剖台におかれている女体は、そのあざやかな厚い切断面にゆたかな脂肪をたくわえていた。両脇にむきあって放心しているような乳房や、空へむかって漂いのぼるようにあふれ出ている小腸は、無心さの極をあらわしていた。肺臓は暗赤色をして重くたわたわととり出されるのである。彼女のすんなりとしている両肢は少しひらきぎみに、その番《つが》い目ははらりと白いガーゼでおおわれているのである。にぎるともなく指をかろく握って、彼女は底しれぬ放意を、その執刀医たちにゆだねていた。内臓をとりだしてゆく腹腔の洞《うろ》にいつの間にか沁み出すようにひっそりと血がたまり、白い上衣を着た執刀医のひとりはときどきそれを、とっ手のついたちいさな白いコップでしずかにすくい出すのだった。

　彼女の内臓は先生方によって入念に計量器にかけられたり、物さしを当てられたりしているようだった。医師たちのスリッパの音が、さらさらとセメントの解剖台のまわりの床をするのが、きこえていた。

「ほらね、今のが心臓です」

武内教授はわたくしの顔をじいっとそのような海の底にいて見てそういわれた。青々とおおきく深い海がゆらめく。わたくしはまだ充分持ちこたえていたのである。ゴムの手袋をしたひとりの先生が、片掌に彼女の心臓を抱え、メスを入れるところだった。わたくしは一部始終をじっとみていた。彼女の心臓はその心室を切りひらかれたとき、つつましく最後の吐血をとげ、わたくしにどっと、なにかなつかしい悲傷のおもいがつきあげてきた。死とはなんと、かつて生きていた彼女の、全生活の量に対して、つつましい営為であることか。

——死ねばうちも解剖さすとよ。

漁婦坂上ゆきの声。

大学病院の医学部はおとろしか……。

人間ば料《こさ》えるふとかマナイタのあるとじゃもん。

こげな奇病にかかりさえせんば、あげな都見物はせんでも済んだろて。せっかく熊本まで出て行って、えらい都見物ばしてしもうた。月ノ浦の海で魚ども獲っておらるれば、熊本はよか都じゃったばってん。

うちは解剖ば見てきたとじゃもん、くまもとの大学病院で。

解剖ば一番はじめに見たときは――、まあ、えらいひどか怪我ばした人の寝とらすねえ――頭の皮もむけてしもうて、赤か腹わたやら青か腹わたを、ふわふわ出して、えらいやせた人やが、かあいそうに、なんでこげんなったのじゃろか。ほんに、このようなひどか怪我人は、始めて見た、と思うて、しんから見とった。

その日は病院も退屈してしもうて、どうせよその土地じゃ、ぼろ着て、こげなケイレン姿で踊っていようが、旅の恥はかき捨て、人が見て笑おうが、ただもう歩くぶんには迷惑かけぬし、と思うて歩くにも、こんなふうに、腰をうっちょいて、がっくんがっくん歩いて行きよった。大学病院は、ひろかとこばい。

ぶらあぶらあ、自分では歩きよるつもりで、かねて行きなれん方に歩いてゆきよった。草がぼうぼう生えとる中をずうっと通って、えらいぽつんと離れた原っぱにきてしもうたなあ、と思うて見ると、箱の置いてあるような建物のしんとして、草の中にあった。なんやらさびしか所やったばい。

建物にゃ窓のついとる。ここは何じゃろかいとおもうて窓に目をひっつけて見よったら、人間ばマナイタの上に乗せて手術のありよる。はらわたばあっちなおし、こっちなおししよらす。こらえらい手術やなあ、と、うちは、窓からしんからみとった。気がつくと、一緒にいたみっちゃんがおらん。あれ、さっきまで隣におったが。きょろきょろすると、みっちゃんはずっと先の方の、大きなくすの木の根元につかまって、おば、さん、おば、さん、ち、つかえたような声ば出しよった。

おばさん、さっきのは、解剖やったがな、とみっちゃんがいうて、げえげえするので、うちは何も知らんもんじゃけん、なごうまで見とったが、それからもう気持ちの悪うなって、めし食うても味はどうせいつもせんばってん、食えば吐くごたる気のして、その晩は何も食べんじゃった。解剖室のあるとこはほんにさびしかとこばい。このようになるまでやせてしもうて、ぐらしか（かあいそう）なあとおもうとったら、まあ、あれが死んだ波止の横の益人やんじゃったげな。同じ人間ちゃおもえんじゃったが。なんかえらい臭かったばい。臭うしてなあ、心の冷えびえして、生きとることと死んどることのけじめの所ば、出たり入ったりしとる気色じゃった。腹わたの赤やら青やらが遠かとこにあって、なんやらなつかしかごたる妙な気持ちじゃった。今なら見きらん。

うちの頭は、おろ良か頭になってしもうて、平気でカイボウまで見れたとやろか。うちも解剖さすやろばってん、有機水銀の毒気の残るばっかりのおろ良か頭の替えられるなら、頭はスパッとちょんぎってもろて、こんどは生まれ替わって、よか頭で生まれてこうごたる。

ああおかしか。また想い出した。

うちゃな、大学病院のながあか廊下ば、紙でぎょうさん舟ば作ってもろうて、曳いてされきよったとばい。紙で伝馬舟ばたくさん作ってもろうて。うちがぐらしかちゅうて、看護婦さんの作ってくれよらした。それに糸つけてもろうて長うに引っぱって、舟には看護婦さんたちの、キャラメルじゃの、飴んちょじゃの、いっぱい積んでくれよらした。

うちゃその舟ば曳いて、大学病院の廊下ば、

えっしーんよい

えっしーんよい

ちゅうて網のかけ声ば唄うて曳いてされきよったとばい。

自分の魂ばのせて。

人間な死ねばまた人間に生まれてくっとじゃろうか。うちゃやっぱり、ほかのもんに生まれ替わらず、人間に生まれ替わってきたがよか。うちゃもういっぺん、じいちゃんと舟で海にゆこうごたる。うちがワキ櫓ば漕いで、じいちゃんがトモ櫓ば漕いで二丁櫓で。漁

師の嫁御になって天草から渡ってきたんじゃもん。

うちゃぼんのうの深かけんもう一ぺんきっと人間に生まれ替わってくる。

第四章　天の魚

九竜権現さま

　こえて三十九年初秋――江津野杢太郎少年（9歳―昭和30年11月生）の家（水俣市八ノ窪）の〈床の間〉ともいうべき壁が改装されているのを、わたくしはしげしげと見上げていた。

　床の間というものが、その家のほぼいちばん奥のつきあたりに、しつらえられてあるものであるとしたら、まさしく土間から、四畳の畳の一畳ごとに段落のついた窪みを、ひとまたぎした突き当たりの目前の江津野家の壁は、床の間というものであるに相違なく、いやそのような思案をめぐらすまでもなく、一目でこの家の土間に立てば、そこが床の間であり神殿であり須弥壇《しゅみだん》であることは見てとれることである。

　わたくしは一種の敬虔《けいけん》な気分にとらわれていた。

「こんだの夏前の梅雨《ながし》で、どうもこうも、神さんたちの在《お》らす後の壁が、くされ落ちてしもうて、あん衆たちの、坐り工合の悪かろうごたる気のして、変えてさしあげました。背中のアッポンポンにほげて、夏の来るちゅうのに寒しゃさす」

爺さまと婆さまはこもごも目を細め、我が家の神々さまを仰ぎみる。

入口のほかに窓というものをつけないでいるこの家内全体が、この日ひとしお韻々《いんいん》たるわだつみのいろこの宮——それはもちろん青木繁流のロマネスクなどではさらさらなく——のごとき景観を呈していたのは、さきごろまで舟虫の食った破れ舟の舟板が、重々しくこの家の神棚の後ろの壁にうちつけられていたのが、ひときわ青み渡った波形のエスロン板にとり替えられているからであった。

神棚にそったうしろ一坪ばかりの壁自体はとりもなおさず、八畳ほどのこの家全体の明りとりともなっていた。当世流のこのエスロン波板の壁といえども、山腹にたぐり揚げられた朽ち舟が苔むして、おのずから竜骨を保護するおもむきを有しているこの江津野家の縷々《るる》たる年月に早くも溶けあい、ゆらめくような波形の青い光を放ち、その海底《うな》のもののような光線は、入口土間に置かれた古い大きな水甕《みずがめ》や、庭先にころがりこわれたままになっているボラ籠や、そのようなボラ籠のある庭先にかげりはじめている日ざしとまじわりあい、まだ電灯をつけない家の中に——この家のたったひとつの裸電球は、いつも家族たちの食堂の上に垂れているのだった——不思議な明るさをもたらしていた。

土間から上がってすぐの二畳が家族たちの食堂だった。そこには爺さまの手造りの食卓が、かなりの凹凸が目立つとしても、遠い昔からそうやっておかれているもののように、一種の安定を持って置かれていた。食卓のかたわらにはなつかしい手鈎《てかぎ》のついたあの鉄鍋が置かれていたり、卓の上には爺さまの煙草盆や宝焼酎の三合びんやコップの箸立てやが、縁のかけた年代ものの湯のみ茶碗とともに置かれているのだった。それら決して稜線のととのうことのない小道具類や柱や、勝手な存在の向き向きはしていても、どれひとつとしてこの家から離れては存在しえないちいさな台所用具たちを、波形の青い光はすっぽりとやわらかくくるみこんでいた。

最初この家を訪れた秋にわたくしはこの家の神棚が普通のそれよりずいぶんとおもむきを異にしていることに気づいていた。幾分近視と乱視ぎみのわたくしはこの家の敷居をまたぐとき、いくどもまばたきした末に、小暗い家の中のすぐ目の前の、舟板でしつらえられた壁に、横にさし渡された一間ほどの棚がかけられてあり、恐ろしく煤《すす》をかぶった壁と棚と、そしてまた棚の上にずらりと並んだ、なにか形の定かならぬくろぐろした御神体をみたのであった。そのような物たちの間にそこだけ煤の薄い、白い瀬戸物の二本の花立てがあり、花立てには替えたての榊《さかき》の枝と、野菊の花があげられているのをみた。横にさし渡された一間ほどの棚は一家の神棚であり、ほかに仏壇らしいものも見当たらぬ家の内なので、これは仏壇をもかねているのにちがいなかった。

見るからに老い先みじかげな老夫婦と、誰の目にも、──あんわれもだいぶ水俣病の気のまじっとるばい、腰つきも、もののいい方も中風にゃ早か年頃じゃもね——という工合にみえて、本人の自覚症状が水俣病の公式的な発生の時期よりいくぶん早すぎたという理由で、いやそれよりも一軒の家から何人も奇病が出ては、お上からいただく生活保護のことでもいちだんと世間がせまいということで、診察を受けにゆくことを遠慮している老夫婦のひとり息子と、（彼のことを村の人たちは清人しゃんとよぶのだった）この息子のもとを逃げ出した嫁女が産んだ三人の孫とが——中の孫の杢太郎少年は排泄《はいせつ》すら自由にならぬ胎児性水俣病であるが——計六人が、江津野家の一家であった。

「いやあ、あの清人しゃんな、この前までは模範青年で、薪荷のうて山坂下るときのなんの、腰ゃびゅんびゅんしなわせて、走って下りよったもんな。江津野の爺やんな、えらいお宝息子ば持っとらる。舟漕ぎでんなんでん、早さも早さ。波の上に櫓はちょんかけて、腰ゃすいすいひねらせて、清人が漕げば舟はひとりで飛んではってくごたる。あやつはよか漁師になる奴じゃったばってんねえ、今どきの若かもんにゃめずらしかったが惜しいことした、あれも奇病じゃ。よか男も台なしばい」

三十歳を越えて名前だけ江津野家の世帯主に立てられている老夫婦のこのお宝息子は、

ありとあらゆるものに遠慮して暮らしていた。彼の言葉は、あの水俣病特有のもつれ舌で、彼はよほど自分のその生れつきでもないいいまわしに嫌気がさしているのか、言葉という言葉を省いてしまい、そのかわり、大ていの用には意味を通じさせることの出来る微笑をもって、人と応対するのであった。なかなかの好男子で長身な彼が、気弱そうにもいんぎんていねいな微笑を浮かべて、二、三度頭を下げると、相手はいつもつりこまれて、用が済んだ気持ちになるのである。

爺さまに対して、彼はおそろしく従順だった。逃げ出した彼の女房は、彼と老夫婦に三人の男の子たちをあてがい、あっというまに他の男と再婚してしまったが、そんな女房のことも、杢太郎を中にした三人の子どもたちのことも、漁のことも、生活保護をめぐる市役所との交渉ごとも、晩酌の焼酎を今夜は何合買うかということも、いっさい爺さま任せだった。

爺さまは家の中のいっさいをとりしきっていた。彼は、財布を、お上からいただく生活保護の金を、「一厘のムダづかいもせぬように」とりしきっていた。爺さまのまなこは、誰がみても普通の老眼以上の見かけだった。彼の両眼は白く濁り、したがって彼の歩きつきはいつも、杖を持たないだけいっそう暗夜を歩くような調子である。しょっちゅう涙やら目やにやらが滲み出るので、いつも煮しめたような和手拭を片っぽうの手に握りしめていた。孫たちの学校の費用や、運動会の弁当や、それから醤油や味噌を孫たちに買わせにやるとき、彼は婆さまがこしらえた布製の銭入れを腹巻の下からとり出し、大そうな難儀をして、お金をとり出すのだった。

そのようなとき、この家族たちは、爺さまが首すじから頭から顔から、幾へんとなく手拭いで汗やら涙を拭きまくり、かなりの時間かかって、ふるえる手元にお札や小銭をとり出すのを、じっとのぞきこんで、辛抱づよく待っているのだった。

百円札をやっと一枚とり出す。それから彼は清人にむけていう。

「いっちょお前も今夜は呑むか、たまにゃ呑め。そんならば今夜は宝焼酎の三合びんば買うてけえ」

すったれの孫の一年生がハイと手を出す。

「いくらじゃったかの、三合びんな、戦争前まじゃ一升一円じゃったが……」

「爺ちゃん三合びんな百二十円じゃが」

「じゃったじゃった、百二十円じゃったわい。あん頃は上等の焼酎が一升一円二十銭じゃったぞ。あきれ返った世のなかになったもんじゃ、三百倍に上がっとるわけじゃ。豆腐どま、五銭で買われよったて。豆腐は何百倍になったか」

四年生のほうのかしら孫はちょっと首をひねって、そげんいうたちゃ、五銭ちゅうとはどしこけ、聞いたこともなかと笑う。婆さまは、ほれほれ百二十円出さんかな、豆腐のかわりも二十五円、とうながす。

爺さまはこの一家を背負ってかなりの程度にしっかりしていたが、——今どきの銭の値うちというもんは変わり目の激しゅうして油断がならん、と思っているので、ときどきがむしゃらに戦争前の物価指数をおもいだして、使いにゆく孫たちにむけてうっぷんばらしをするのだった。

三十半ばになってわけのわからぬ萎《な》え病になり、やもめになってしまったひとり息子と、爺さまより年上の婆さまと、三人の孫たちは、このような爺さまを、心より頼りにして暮らしているのだった。

ここら一帯の信心深い年寄りたちが、他家の敷居をまたぐとき必ずそうするように、わたくしもこの家をはじめて訪うた秋に、一家の神棚と仏壇のありどをたしかめうると、まずそこにむかって礼拝したのである。

老夫婦はわたくしのことを、

「あねさん」

と呼ぶのだった。ふたりから天草なまりであねさん！　と呼びかけられるとわたくしは、生まれてこのかた忘れさられていた自分をよび戻されたような、うずくような親しさを、この一家に対して抱くのだった。口ごもり気味にわたくしはいいそびれていたおねだりを試みてみる。

「あの婆さま、九竜権現《くりゅうごんげん》ちゅう神さまは」

「はいはい」

「あのこの前きたとき教えてもろうた神さま、いったいどげん御姿しとらす神様じゃろ」

「ああ、あのひとは竜神さんでござす」

「いっぺん拝ませて貰おうごたるですばってん」

「そりゃまた有難かこつでござす」

「手に受けて拝めば罰かぶるでっしょか」

「なんの」

ふたりは声をそろえて中腰になる。

「なんのあねさん、心やすか神さんじゃもね」

ばあさまがそういうと続けてじいさまが、

「はよ婆《ば》さま、拝ませてあげ申せ」

と天草言葉でいう。

婆さまは裾短かに着た縞木綿の「半切り」の上にあてた、紺の前垂をくちゃくちゃと下ろして、あの〝神殿〟の前に立つのである。

彼女の、古風なまげがほつれて垂れている小さな後姿をすかしてみていると、〝神殿〟からの青い光はおごそかなものだった。

エスロン波板の壁がはからずも明りとりとなって、この神殿から照射するひかりの中に、ひとめで暮らしのさまをあらわし出したこの家の、タンスも押し入れも、およそあの規格にとらわれた家具調度らしきものの、なにひとつ見当たらない神棚のある景観は、土間に据えられている水ガメや入口に転がっているこわれた針金のボラ籠や、鱗《うろこ》のこびりついている魚籠やとともに、われわれがあの、暮らし、と総称しているもののもっとも明快な祖型をあらわしていた。そして、このような様相をした一家には、いまだに語り出されたことのない韻々たる家系がたたみこまれているにちがいなかった。

棚に乗せられた神々や榊の葉や花立てや、小さなお稲荷さんの鳥居や、写真や、それから紙の裁縫箱や、そして、この礼拝壇の脇に古び果てた緞帳《どんちょう》のように懸っている家族達のつづれの着物や、男の子たちの帽子や布製のカバンなどは、それはそれで母親のいないこの家のよき整頓法であったたし、エスロンの床壁はこのような品々の配置によって、ほとんど、ステンドグラスの趣さえそなえていたのである。

姿をあらわしている神々
九竜権現さま
えびすさま
こんぴらさま
天照皇太神宮さま
お稲荷さま
お稲荷さまの小さな鳥居
むかし爺さまの網にかかってきて、
それがあんまり人の姿に似ておらいたけん、
自分と子孫のお護りにといただき申してきた沖の石
御先祖さまのお位牌
どこのお宮のお守りかもう覚えこなさんが、
御嶽さんやらイツクシマの神さまやら、
四国のお寺に詣って来た人たちから貰いあつめたお札
あの写真なさち子の、はい、

さち子とは孫たちを産んだ母女《かかじょ》の名でござす。
そのさち子の写真
二度とこの家《や》に戻っては来んおなごで――
石ころ
石ころは、さち子がこの家《や》にくる前に流した赤子たちで
死んで生まれてもやっぱりここの孫たちとはきょうだいで、
拝んでやらねば浮かばれん仏たちでござす。

婆さまが暫く拝んでいるあいだに、爺さまがそんなふうに説明する。彼女は少し爪立ちして両腕をのばし「九竜権現さま」をお下ろし申し、煤《すす》を吹きやりながらわたくしの掌の上に、まっくろな和紙にくるまれている彼女の神さまを乗せようとするのだった。和紙には何やら墨書と朱印の痕跡があるが、それよりも煤だらけの和紙の中から、婆さまがはらりとわたくしの掌にこぼした御神体は不思議な見ものである。

「ほう、これは――」

「はい、竜のうろこでござす」

「竜の――」

「はい、わしどま、竜の姿というものは、絵にかいた姿しか知りやっせんが、海から空に泳ぎあがるそうで、角の生えとるそうでござす」

それは六ミリ幅、三センチ長さくらいの楕円形の、厚みのある乳褐色の、雲母でもない、たしかになにかのうろこ、にはちがいなかった。

「数知れぬ魚共がうろこは、わしも漁師で見とりますばってん、こがんしたうろこはありまっせんで、竜のうろこでござっしゅ。鬼より蛇より強うして、神さんの精を持っとる生きものでござすそうで、その竜の鱗ちゅうて、先祖さまからの伝わりもんでござす。天草から水俣に流れて来ましたとき、家もつくっちゃやれん、舟もこしらえてやれんで、この神さんばつれてゆけ、運気の神さまじゃけんと親がいうてくれて、一緒におつれ申してきて、運気の神さんでござす。ひきつけを、ようなおしてくれらす。なあ、ばあやん」

「はい、ひきつけも、ようなおさす。息子も孫も三人づれ、ひきつけのときゃ、この神さんにゃ、えらいお世話になりました。

この神さんな正直もんばい。なおらん子にゃ、嘘はいいなはらん。なおらんちいいなはるよ。杢《もく》がなあ、杢がひきつけたときゃ、なおらんちいいなはった。びちりとも動きなはらんじゃったもん。

なんのなおろうかいなあ。水俣病じゃもね。こういう病気じゃもね。いくら神さんでも知っとりなるもんけ。知っとりなさるはずはなか、世界ではじめての病気ちゅうもね。昔の神さんじゃもね。昔は、ありえん病気だったもね。

あれ、あねさん、あんた、その神さんば、ようみてみなっせ。あら、動きよらすとじゃなかけ？」

私の掌の上にある雲母のような、魚の鱗でもなし、見なれているあの軽やかな蛇の素抜けの殻でもなし、硬度を持った楕円形の、ひとひらの「竜のうろこ」が、みているうちにまことに微かに、じりっとみじろいだのである。

「あれえ、あねさん！よう見てはいよ。ほらほら、あんたはよっぽど運気のつよかひとばい。ほらほら、権現さんのぴくぴく動きよらす。握っちゃならん。ひろげて見とんなはれ。あら、曲がらした、曲がらした！　ンまあ、こげんひとはめずらしか。ほう、まこてあねさんな運気の強かひとじゃ。運気の強かひとの掌に乗せれば、権現さんの、ぴんこぴんこ飛んでみせらすちゅう話じゃったが、ほんなこて、飛ぼうでしょらすよ」

おそらく、状況没入型アレルギー性発熱を常時内発させているわたくしの体熱と、ゆらめきながら上昇しているこの家の湿度にはさまり、掌の中の可憐な竜の鱗は、卒直に物理的反応を示したにちがいなく、豆類のさやがかすかな地熱にも反るように、その細くうすい体をみずからくるむようにして、はらりと身を反らしたのである。

「へえっ、あねさん、あんたよっぽど運気のつよかひとばい。ほんにあんたのようなひとはめずらしか。いんま、きっと、よかことのあるばい。この神さんはウソはいわっさんで」

水俣の市街より一きわ高台の八の窪部落の秋は、稲とも、葦ノ穂の匂いとも嗅ぎわけられぬ匂いが立ちこめ、老夫婦の精霊信仰に抱かれて、久しくつやの失せはてているわたくしの頰は、そのときいくばくか紅潮し、幸福でさえあった。

「ほんに、この神さまは、その者の身になって考えらすとばい。あれまあ、こげんなるまで体ば曲げて。

あねさんなふのよか。うちの杢《もく》がひきつけたときは、ぴーんと伸びたまんま、曲がりもしなはらんじゃったて。この神さんのああいう風に曲がりもせずのびたまんまおらすときは、もうつまらん。どれだけ拝んだちゃもうつまらん……。

案のじょう、熱ものうしとって、明けの日から手も足も、曲がったまんま、モノもいいきらん人間になってしもうた。杢ばっかりにゃ、この神さんも首振らした。

まあ、たまがった、たまがった。あねさん、あんたにゃよっぽどこの神さんの、ぼんのうばい。運気の強かちいいよらす——」

生きとるもんも、神棚にあげて拝めば、神さまとひとつでござす。ありゃ、杢どんたちが母女《かかじょ》の写真でござす。杢がような子ば、みすみすうっちょいて、老い先のなかわしどもにあてごうて、行ってしもうた嫁でやすけん、大がいのおなごじゃある。

わしがかかにとっちゃ姪にあたるおなごで。何の業《ごう》かその姪が家でも、九人家内のうち四人、水俣病が出やした。

この写真のさち子というおなごは、思えばしあわせの悪かおなごでござした。わしげの清人に来る前は、八代の農家奉公に出されとって。農家奉公しとるうち、父親《てて》の名乗られん子を奉公先で孕《はら》みおって。わしどもにすれば、かかの姪じゃあるし、ふびんがかかって。腹がふくるれば、どのよな訳じゃろと女の方だけがケガしたことになる。生むなり流すなり、どっちみち親がひきうける銭はなか。それでわしが出かけて、奉公先の親方に逢うて談判して……。

奉公人ちゃ辛かもんでやす。生んじゃ困るちゅうて、ケガさせた親方がおなごにダマされたちゅうふうにいうて。一度ならず二度ならず、ケガして戻ってきては泣きつく。男はいっとき良かおもいするばっかりでも、おなごのケガは、しんから好きあう男が出てこんかぎりなおりゃせん。親の家にも帰り辛かろうで、いっとき、おるが家にけえちゅうて、わしが引きとって、赤子下ろさせて養生させとるうち、うちの清人とどうやらできてしもうとるごたる。

そんならばよかったことにせんばならん。一緒にさしゅうちゅうて、うちの嫁御にしたわけでやした。

いっときえらい仲良うして、お互い体いっぽんの貧乏もん同士、夫婦仲のよかとが何よりしあわせじゃと喜こうどったら、ふとしたことで、うちのばばとさち子がケンカして……。

嫁と姑が日なたぼっこしながら、破れぶとんを修繕しよって。ばばやつがついうっかり、さち子、お前の親もお前にゃ苦労ばかりさせて、奉公にゃ出す。もめごとにはうてあわん、お前が嫁にくるにも、ふとんのいっちょも買うてやらずに、とこういうて。

それが始まりで姪と叔母の嫁姑が仲が悪うなって。さち子が親にいいつけて、親同士のケンカのごとなって、とうとう出てゆくごとなってしもうた。するうち、さち子の家もちょうどそんころ、まだえたいの知れんじゃった水俣病に妹がなる、弟がなる、両親がなるで、いっときわが家に加勢にゆくつもりで帰って、飲み屋に働きにゆくごとなって。ほんのわかれになってしもうた。ほんにあのぞろぞろとあっちの家にもこっちの家にも水俣病が出て、世の中の黄色かごとなっとる頃のどさくさで、そげんなってしまいやした。誰にもどげんもなりゃあせん。あれが飲み屋にゆくごとなったにも、実家にもどるにしろ、わしげにおるにしろ、どっちみち体の達者かもんが、とにかく銭のとるる仕事をせにゃならんじゃった。

漁はいっちょもできんごとなっとったとじゃけん。さち子の家も漁師でやすで。あれもだいぶ頭のいたかったろ。飲み屋でよっぽど気の合う男ができましたとじゃろ。嫁御に行《い》たてしもうた。

わしが杢ば背負うていって、戻ってくれいと頼うだのもふり切って、帰らんちいい切った。

あれはわしが知っとるだけでも、九人の子持ちでござすばい。えらいな世の中を暮らすおなごじゃ。ほかの女ごの三世も四世もいっぺんに生きよるおなごじゃ。わしげの孫どもにゃ、お前どんばうっちょいて、はってくおなごじゃ。母《かか》さんちゃ思うな。棚にあがらした神さんちおもえといいきかせますばってん。

あれも、今はもうこの家《や》におったちゃ、ゴテ（夫）は萎えとる。杢ヤツは一生あげんしてころがっとる。おろごつもなかったろ。思えば、しあわせの悪か女《おなご》でござした。もう戻るこた、ありますみゃ。嫁ぎ先に三人も子どもができとる。戻ってもらおごとあるばってん、そらあならん。あっちの、嫁ぎ先の義理がすまん。

そるばってん、あねさん、やっぱり、想わぬ晩な、なかばい。ばばと、じじが死ねば、この三人の孫どもは、いったいどげんなっとじゃろか。

杢はまん中でござす。我が身を、我が身で扱いきれん体しとって。便所がなあ、ひとりじゃでけん。一生、兄貴と弟に世話かけにゃならん。兄貴ちゅうても、二つ上の十一でござす。父《とと》やつも、あやつも、たしか水俣病でござすとも。ちっとした怪我がもとで、足腰も、腕も、ようとはかなわん。もともとは水俣病じゃと、わしゃおもうとる。人一倍働きよったっですけん、青年のころは。役せん体にちなってしもうた。

今になれば水俣病ちゃいいはなりまっせん。お上から生活保護ばいただきよって——。このうえ水俣病ばいえば、いかにも、銭《ぜん》だけ欲っしゃいうごたる。

今は、どうなりこうなり、じじとばばが、息のある間はよか。力のある間は、かかえて便所にもやる。おしめも替えてやる。飯もはさんで食《か》する。あねさん、ぐらしゅ（かわいそう）ござすばい……。

杢は、こやつぁ、ものをいいきらんばってん、ひと一倍、魂の深か子でござす。耳だけが助かってほげとります。

何でもききわけますと。ききわけはでくるが、自分が語るちゅうこたできまっせん。

生活保護いただくちゅうても、足らん分はやっぱり沖に出らにゃならん。わしもこれの父も半人前もなかもん同士で舟仕立てて、いい含めて出る。杢のやつに、留守番させときます。すると時間のたつうちにゃ、ぐっしょり、しかぶっとりますわい。臭かもなんも。それよりか、本人が気の毒じゃしとりますじゃろ。尻替えてもらうのが、杢にとっちゃ、いちばんきつか。これがいちばんぐらしか。腹の餓《ひ》だるかとは、こらえらるるばってん、うんこ小便は、大がいまではこらえとっても、それから先はこらえられん。わしも、ばばも、父《とと》も、半人前もなか人間ばっかりしとって、よたよたして沖にゆくとですけん。

杢が待っとるけん、はよ戻ろと思うても、陸につくまでは、それだけの時間の要《い》る。しかぶっとるか、しとらんか、顔みりゃすぐわかる。じゅつなか顔しとります。気の毒しゃして。気いつこうて。肉親にでも気いつかうとですけん。冬でのうてもぐっしょり濡れて、寒さに青うなっとる。このじじばばが死ねば誰がしてくるるか。——親兄弟にでも、人間尻替えて貰うとは赤子のときか、死ぬときか。兄貴も弟も、やがては嫁御を持たにゃならん。そんとき、これが、邪魔になりゃせんじゃろか。そんときまで、どげん生きとれちゅうても、わしどま生きられん。ほら、わしがこの目、このように濁っとります。もう大分かすみのかけて見えまっせんと。この目ば一生懸命ひっぱってあけて、この前のごつお迎えのバスの来れば、ああいう風に、病院にも、背負《かろ》うて連れて行きます。からえば、腰の曲がってちぢんどるわしよりか杢の方が、やせてはおるが足の長うなって、ぞろびくごてござすとばい。もう数え年は十でござすけん。

わしも長か命じゃござっせん。長か命じゃなかが、わが命惜しむわけじゃなかが、杏がためにゃ生きとろうごてござす。いんね、でくればあねさん、罰かぶった話じゃあるが、じじばばより先に、杏の方に、はようお迎えの来てくれらしたほうが、ありがたかことでございます。寿命ちゅうもんは、はじめから持って生まれるそうげなばってん、この子ば葬ってから、ひとつの穴に、わしどもが後から入って、抱いてやろうごだるとばい。そげんじゃろうがな、あねさん。

杏よい。お前やききわけのある子じゃって、ようききわけろ。お前どま、かかさんちゅうもんな持たんとぞ。

お前やのう、九竜権現さんも、こういう病気は知らんちいわいた水俣病ぞ。

このようになって生まれたお前ば置いてはってたかかさんな、かかさんち思うな。母女はもう、よその人ぞ。よその子どんがかかさんぞ。

杏よい、堪忍《かんにん》せろ。堪忍してくれい。

じじもばばも、はよからもう片足は棺にさしこんどるばってん、どげんしても、あきらめて、あの世にゆく気にならんとじゃ。どげんしたろばよかろかね、杢よい。

かかさんのことだけは想うなぞ。想えばお前がきつかばっかりぞ。

思い切れ。思い切ってくれい、杢。

かかさんの写真な神棚に上げてある。拝めねえ。拝んでくれい。かんにんしてくれい。

お前ばこのよな体に成《な》かして。

神棚にあげたで、かかさんなもう神さんぞ。この世にゃおらっさん人ぞ。みてみれ、うちの神棚のにぎやかさ。一統づれ並んどらすよ神さんたちの。あの衆《し》たちば拝んでおれば、いっちょも徒然《とぜん》のうは無かぞ。

お前やね、この世にも持っとるばってん、あの世にも、兄貴の、姉女のと、うんと持っとる訳ぞ。この家にこらす前じゃあるが、同じかかさんの腹から生まれた赤子ばっかり。すぐ仏さんにならいた。ここに在《お》らす仏さんな、お前とはきょうだいの衆たちぞ。

石の神さんも在らすぞ。

あの石は、爺やんが網に、沖でかかってこらいた神さんぞ。あんまり人の姿に似とらいたで、爺やんが沖で拝んで、自分にもお前どんがためにも、護り神さんになってもらおうと思うて、この家に連れ申してきてすぐ焼酎《おみき》ばあげたけん、もう魂の入っとらす。あの石も神さんち思うて拝め。

爺やんが死ねば、爺やんち思うて拝め。わかるかい杢。お前やそのよな体して生まれてきたが、魂だけは、そこらわたりの子どもとくらぶれば、天と地のごつお前の魂のほうがずんと深かわい。泣くな杢。爺やんのほうが泣こうごたる。

杢よい。お前がひとくちでものがいえれば、爺やんが胸も、ちっとは晴るって。いえんもんかのい――ひとくちでも。

なんの業じゃろかいなあ、あねさん。

わしゃ、天草から家別れして、親がびんぼで水俣に、百間港のまだ出けとらん時分にきやした。

水俣にカーバイド会社のでけて、百間にもふとか港のでけるげなちゅうて、梅戸港ばかりじゃ足らんげなちゅう。それで百間港の護岸工事に人夫やとうという話が天草にも聞えて、それで人夫にやとわれて、銭ためて舟買うて、嫁御もろて、親代々の漁師ばして、水俣で暮らそとおもうて渡って来やした。港が大きゅうなれば人家もふゆる。人家がふゆれば漁師も立ってゆくにちがいなか。

わしゃ三番太郎《たろう》に生まれて家継ぐこたでけん。水俣ならば、親の家のある御所の浦島からは波の打ちかえすこっちがわの岸。

親のおる島のみえる水俣で暮らそとおもうて、十六のとき人夫になって水俣さね来たとでやす。水俣にゃ会社もでけとる、港も大きゅうなる、遠かアメリカやブラジルや、炭坑あたりに募集人につられて出てゆくもんもありよったが、いっぺんよその国に出たが最後、どこで餓死するかわからん。成功して戻ってくるもんもおりゃするばってん、そげんした者は百人にひとりでやす。親のおる島の目の先にめかかっとる水俣も発展するかもしれん。ふとか成功はせんちゃよか、こまんか舟のいっちょ、こまんか小屋ばいっちょ、わが腕で稼ぎだして、嫁御もろて子どももって子どもたちに魚釣り教えて、人間並みに暮らそうごたる。

そげんおもうて、水俣の百間の護岸工事の人夫にやとわれて、いわばなぐれてきたとでやした。

そんころの水俣の、百間ちゅうとこは、今の国道線のすぐ下は岩っぴらで、道のすぐ下まで潮の洗いに来よった。

港のなんのじゃなか、そらもうさびしか、ふつうの浦じゃった。今の会社の排水口のあるところあたりから、会社のほうさね、水俣駅のあたりまで潮の出たり入ったりする蘆《よし》の原で。

今の排水口はそんころ、こまんか水門じゃった。百間にゃ家の四、五軒もあったろか。そげんした百間の岩っぴらの松の木の下に、護岸工事の人夫小屋の建っとって。片ひら屋根の掘っ立て小屋で。その片ひら屋根も親の家よりゃかまえががっしりみえた。柱も板も鉋《かんな》はかけちゃなかが、新しゅうして。

よし、いつかは銭ためて舟造って、嫁御みつけて、片ひらの屋根の掘立て小屋でもよか、家持って、いつかは親の家に喜んでもらいぎゃ戻ろうちおもうた。百間の港はでけあがって、なるほどそれから水俣の町もひらけやした。

あねさん、わしゃふとか成功どころか、七十になって、めかかりの通りの暮らしにやっとかっとたどりついて、一生のうち、なんも自慢するこたなかが、そりゃちっとぐらいのこまんか嘘はときの方便で使いとおしたことはあるが、人のもんをくすねたりだましたり、泥棒も人殺しも悪かことはいっちょもせんごと気をつけて、人にゃメイワクかけんごと、信心深う暮らしてきやしたて、なんでもうじき、お迎いのこらすころになってから、こがんした災難に、遭わんばならんとでござっしゅかい。

なむあみだぶつさえとなえとれば、ほとけさまのきっと極楽浄土につれていって、この世の苦労はぜんぶち忘れさすちゅうが、あねさん、わしども夫婦は、なむあみだぶつ唱えはするがこの世に、この杢をうっちょいて、自分どもだけ、極楽につれていたてもらうわけにゃ、ゆかんとでござす。わしゃ、つろうござす。

これの父《とと》も水俣病でござすとも。あやつは青年のころは、そら人並すぐれて働きもんでやしたて。今はあんころとくらぶれば半分もござっせん。役に立たん体になってしもた。親子二人ながら水俣病でござすちゃ、世間の狭うしてよういわれん。役場にゃ世帯主に立てて、一人前の人間につけ出しとるが、わしがためにゃたったひとり出けた息子も、ああいうふうにしとるのをみれば、水俣病にちがいなか。後《のち》ぞえ貰うてくりゅうにも、このようになってしもうた家に、どこのおなごが、ちらりともかたぶいて見るじゃろか。決して来てくるおなごはおりやっせん。

かしら孫はいま四年生でござす。わしが死ねば、この家のもんどもは、どがんなりますか。

あねさん、この杢のやつこそ仏さんでござす。

こやつは家族のもんに、いっぺんも逆らうちゅうこつがなか。口もひとくちもきけん、めしも自分で食やならん、便所もゆきゃならん。それでも目はみえ、耳は人一倍ほげて、魂は底の知れんごて深うござす。一ぺんくらい、わしどもに逆ろうたり、いやちゅうたり、ひねくれたりしてよかそうなもんじゃが、ただただ、家のもんに心配かけんごと気い使うて、仏さんのごて笑うとりますがな。それじゃなからんば、いかにも悲しかよな眸《め》ば青々させて、わしどもにゃみえんところば、ひとりでいつまっでん見入っとる。これの気持ちがなあ、ひとくちも出しならん。何ば思いよるか、わしゃたまらん。

こりゃ杢、爺やんな、ひさしぶりに焼酎呑うで、ちった酔いくろうた。

杢よい。

こっち、いざってけえ、ころんころんち、ころがってけえ。

こいつは、あねさん、このごろ、かなわん手で、金釘と金づちば持ち出して、大工のまねばおぼえぎしかかって。わしどもが海からあがってきてみれば、道具箱のところさねころがってきて、釘と金づちを曲がった手で摑《つこ》うで握っとる。体は横になっとって、首は亀の子のごとさしのべて、釘ば打とうでしよりますがな。このよな曲がり尺のごたる腕しとって。十ぺんに一ぺんな釘の頭に当たりますじゃろか。指にゃ血マメ出けかして、目の色かえて仕事のけいこばしよる。

きたかきたか、杢。

ここまでけえ、爺やんが膝まで、ひとりでのぼってみろ。

おうおう、指もひじもこすり切れて、血のでとる。今日はえらいがま出したねえ、おまえも。こら清人、富山の入れ薬にまちっと赤チンの残っとったろが。持ってけえ。

おるげにゃよその家よりゃうんと神さまも仏さまもおらすばって、杢よい、お前こそがいちばんの仏さまじゃわい。爺やんな、お前ば拝もうごだる。お前にゃ煩悩の深うしてならん。

あねさん、こいつば抱いてみてくだっせ。軽うござすばい。木で造った仏さんのごたるばい。よだれ垂れ流した仏さまじゃばって。あっはっは、おかしかかい杢よい。爺やんな酔いくろうたごたるねえ。ゆくか、あねさんに。ほおら、抱いてもらえ。

海《うみ》石《いし》

少年とわたくしの心は充分通いあっていた。

彼は「曲がり尺」のようにかぼそく青白い肱《ひじ》をうすい胸の上にあわせ、いつも、かじかんでまがっている両掌の左の方を上に重ねて、爺さまのはだけた両膝の間に仰向けになっているのである。話の途切れ目でもないのに、がくんと、頭《こうべ》をたれてねむったりする爺さまの腕と、組んだ膝の間から、少年は自分の体がずり落ちないように、背中をわずかに曲げたりずらしたりしているようだった。というより、彼はそうやって、爺さまをあやしているといったほうがよい。

杢太郎少年とわたくしは、爺さまがそのようにしているあいまに、目と目だけでいつも会話をとりかわすのであった。爺さまが、酔いの勢いで少し乱暴に、ゆくか、あねさんに、ほうら抱いてもらえ、などと、少年の体を拍子をつけてほうり投げようとするとき、この少年とわたくしは、ちかりとまなざしをあわせ、木仏さまのような重量しかない彼の体は、もう私の胸の中に場所を替えている、という工合である。そのようなやりとりの一部始終を眺めつけているこの家族たちは、なかでも少年の幼い兄と弟は大口をあけて笑いころげるのだった。三人兄弟の父親、清人しゃんも、ぼうっと微笑んでゆらりと立ちあがり、腰をのばして一灯きりしかない頭の上の裸電球のスイッチをひねる。団欒《だんらん》の夜がくる。

婆さまは食卓の上に、くずれかけた豆腐を切って出す。それから大山盛に、タコの茹《ゆ》でたのを切って出す。それから、黄色く色のついた大根の漬物を出す。二人の孫たちは膝を立ててカチャカチャと小皿をめいめいの前にならべはじめる。弟のほうが、食卓の下の猫の皿に釜の蓋をとって御飯をとりわけ、それから景気よく茹でダコの五切れか六切れをのせてやり、ついでに、したじをざんぶとかけてやる。

婆さまはそれをみながら、チョッチョッチョッと舌を鳴らして猫の頭をぽんと打ち、それからいいきかせをする。ほれほれ、ミイ、こっちがおまいの自分の飯ぞ、これだけもろうて食えばもうよか。人のおぜんの上に登るめえぞ——。

すると爺さまはすぐにききつけてかっと目をひらき、けちけちすんな、ミイにもうんと食わせろ、猫ちゅうもんは、腹いっぱいに食わせさえすれば、人の皿に来たりはせんもんじゃ——と説教をたれる。

彼が杢太郎少年を抱きゆすりながら泪だらけになったりするにしても、江津野家の夕餉は、爺さまというこの七十歳の大黒柱が、きげんよく三合の焼酎に酔っていることで、和《なご》められていた。健康児である二人の兄弟は、含み笑いをしたり箸でつつきあったり、それから思い出したようにかきこんだり、かわるがわる杢太郎少年の口に骨をむしりとった魚や、豆腐を押し込んでやったりして、忙しかった。「ミイ」は満ち足りた顔で前脚をなめ、それから婆さまの膝の上に乗りにゆき、あくびをしてあごを埋める。

爺さまが、今のような程度の気力と体力をもって、家父長権を保持してゆくかぎり、あとなにほどかの間は、この一家なりの日々がこのようにして営まれてゆくにちがいないのである。爺さまはポクリと今夜にでも死ぬかもしれない。

あねさん、わしゃ酔いくろうてしまいやしたばい。ひさしぶりに焼酎の甘うござした。よか気持ちになった。わしゃお上から生活保護ばいただきますばって、わしゃまだ気張って沖に出てゆくとでござすけん、わが働いた銭で買うとでござすけん。わしゃ大威張りで焼酎呑むとでござす。こるがあるために生きとる世の中でござす。

なあ、あねえさん。

水俣病は、びんぼ漁師がなる。つまりはその日の米も食いきらん、栄養失調の者どもがなると、世間でいうて、わしゃほんに肩身の狭うござす。

しかし考えてもみてくだっせ。わしのように、一生かかって一本釣の舟一艘、かかひとり、わしゃ、かかひとりを自分のおなごとおもうて――大明神さまとおもうて崇《うやも》うてきて――それから息子がひとりでけて、それに福のの、さ、り、のあって、三人の孫にめぐまれて、家はめかかりの通りでござすばって、雨の洩ればあしたすぐ修繕するたくわえの銭は無かが、そのうちにゃ、いずれは修繕しいしいして、めかかりの通りに暮らしてきましたばな。坊さまのいわすとおり、上を見らずに暮らしさえすれば、この上の不足のあろうはずもなか。漁師ちゅうもんはこの上なか仕事でござすばい。

わしどんがように目の見えん、つまり一字の字も読めん目を持っとるものには、世の中でこのようによか仕事はなかち思うとる。わしどもは荒か海に出る気はなかとでござす。わが家についとる畠か、庭のごたる海のそこにあって、魚どもがいつ行たても、そこにおっとでござすけん。

わしゃ、天草と水俣の間ば行ったり来たりするばっかりで、広か世間ちゅうもんにゃ、百間の護岸工事の人夫に志願して出たとき、他国者とつきおうたくらいで、都の暮らしちゅうもんは話にきくばっかりじゃが、東京ちゅうところは人の数よりゃ車の数が多《う》うなって、通りもならんちゅう。家も人間もあんまりふえて、陽様《ひいさま》の光さえ行き渡らんちゅう。

それで、そこにおる人間どもは、かぼそか葺《なば》のごたる人間に、なるちゅうばい。あねさん東京の人間な、ぐらしか（かわいそうな）暮らしばしとるげなばい。話にきけば東京の竹輪《ちくわ》は、腐った魚でつくるげな。炊いて食うても当たるげな。さすれば東京に居らす人たちぁ、一生ぶえんの魚の味も知らず、陽《ひい》さまにも当たらぬかぼそか暮らしで、一生終わるわけじゃ。わしどもからすれば、東京ンもんは、ぐらしか。鯛にも鯖にも色つけて、売ってあるちゅう話じゃが。

それにくらべりゃ、わしども漁師は、天下さまの暮らしじゃあござっせんか。たまの日曜に都の衆たちは、汽車に乗って海岸にいたて、高か銭《ぜに》出して旅館にまでも泊まって舟借りて、釣りにゆかすという。どういう銭でも出して、舟借り切って魚釣りにゆかす。

そら海の上はよかもね。

海の上におればわがひとりの天下じゃもね。

魚釣っとるときゃ、自分が殿さまじゃもね。銭出しても行こうごとあろ。

舟に乗りさえすれば、夢みておっても魚はかかってくるとでござすばい。ただ冬の寒か間だけはそういうわけにもゆかんとでござすが。

魚は舟の上で食うとがいちばん、うもうござす。

舟にゃこまんか鍋釜のせて、七輪ものせて、茶わんと皿といっちょずつ、味噌も醤油ものせてゆく。そしてあねさん、焼酎びんも忘れずにのせてゆく。

昔から、鯛は殿さまの食わす魚ちゅうが、われわれ漁師にゃ、ふだんの食いもんでござす。してみりゃ、われわれ漁師の舌は殿さま舌でござす。

まだ海に濁りの入らぬ、梅雨《ながし》の前の夏のはじめには、食うて食うて（魚が餌を食う）時を忘れて夜の明けることのある。

こりゃよんべはえらいエベスさまの、われわれが舟についとらしたわい。かかよい、エベスさまのお前に加勢さしたぞ、よか漁になった。さすがにおるもくたぶれた。だいぶ舟も沖に流された。さて、よか風の、ここらあたりで吹き起こってくれれば、一息に帆をあげて戻りつけるが。

すると、そういう朝にかぎって、あの油凪《な》ぎに逢うとでござす。

不知火海のベタ凪ぎに、油を流したように凪ぎ渡って、そよりとも風の出ん。そういうときは帆をあげて、一渡りにはしり渡って戻るちゅうわけにゃいかん。さあ、そういうときが焼酎ののみごろで。

いつ風が来ても上げられるように帆綱をゆるめておいて。

かかよい、飯《まま》炊け、おるが刺身とる。ちゅうわけで、かかは米とぐ海の水で。

沖のうつくしか潮で炊いた米の飯の、どげんうまかもんか、あねさんあんた食うたことのあるかな。そりゃ、うもうござすばい、ほんのり色のついて。かすかな潮の風味のして。

かかは飯たく、わしゃ魚ばこしらえる。わが釣った魚のうちから、いちばん気に入ったやつの鱗ばはいでふなばたの潮でちゃぷちゃぷ洗うて。鯛じゃろとおこぜじゃろうと、肥えとるかやせとるか、姿のよしあしのあっとでござす。あぶらののっとるかやせとるか、そんときの食いごろのある。鯛もあんまり太かとよりゃ目の下七、八寸しとるのがわしどんが口にゃあう。鱗はいで腹をとって、まな板も包丁もふなばたの水で洗えば、それから先は洗うちゃならん。骨から離して三枚にした先は沖の潮ででも、洗えば味は無かごとなってしまうとでござす。

そこで鯛の刺身を山盛りに盛りあげて、飯の蒸るるあいだに、かかさま、いっちょ、やろうかいちゅうて、まず、かかにさす。

あねさん、魚は天のくれらすもんでござす。天のくれらすもんを、ただで、わが要ると思うしことって、その日を暮らす。

これより上の栄華のどこにゆけばあろうかい。

寒うもなか、まだ灼け焦げるように暑うもなか夏のはじめの朝の、海の上でござすで。

水俣の方も島原の方もまだモヤにつつまれて、そのモヤを七色に押しひろげて陽様《ひいさま》の昇らす。ああよんべはえらい働きをしたが、よかあ気色になってきた。

かかさまよい、こうしてみれば空ちゅうもんは、つくづく広かもんじゃある。

空は唐天竺までにも広がっとるげな。この舟も流されるままにゆけば、南洋までも、ルソンまでも、流されてゆくげなが、唐じゃろと天竺じゃろと流れてゆけばよい。

いまは我が舟一艘の上だけが、極楽世界じゃのい。

そういうふうに語りおうて、海と空の間に漂うておれば、よんべの働きにくたぶれて、とろーりとろーりとなってくる。

するうちひときわ涼ろしか風のきて。

さあかかよい、醒《さ》めろ。西の風のふき起こらいたぞ、帆をあげろ、ちゅうわけで。この西の風が吹けば不知火海は、舟の舳《へさき》はひとりでに恋路島の方にむきなおる。腕まくらで鼻は天さね向けたまま、舵をあつかううちに、海の上に展《ひら》ける道に連れ出され、舟はわが村の浦に戻り入ってくるとでござす。

婆さまよい、あん頃は、若かときゃほんによかったのい。

なああねさん、わしどもが夫婦《みょうと》というもんは、破れ着物は着とったが、破れたままにゃ着らず繕うて着て、天の食わせてくれらすものを食うて、先祖さまを大切に扱うて、神々さまを拝んで、人のことは恨まずに、人のすることを喜べちゅうて、暮らしてきやしたばい。

会社が出けるときけば喜うで、そりゃあよかこつ。会社が出くれば、ここらあたりもみやこになるにちがいなか。会社も地《じだ》も持たんじゃったばっかりに、天草あたりは、昔は唐天竺までも出かけて、生まれた村にも、もどりつけずに、そこで死んで。

会社さえ出けとれば、わが一代には字の一字も見えんとでござすけん、ああいう所にゃはいりゃあならんが、会社の太うなるにつれて世の中のひらけて、子の時代には学校にゅくごとなって、あるいは孫の時代にゃ、会社ゆきが、わしの子孫から出てこんともかぎらん。わしどもは、畠も田んぼも持たんとでござすけん、あるいは子孫の代にゃ会社の世話になるかもしれん。そのように思うとりやしたばい。

このカーバイド会社を作った野口という人物は、あの鴨緑江《おうりよっこう》をうっとめて、あねさんあんた歌にある鴨緑江節を知っとるかな。いっちょ歌おか。

朝鮮と支那と境の
あの鴨緑江
流すいかだは

アリャよけれども　ヨイショ

はっはっは、わしゃよか気色になったばい。かなしか。

えーとあねさん、わしゃどこまで語ったろうかな。

鴨緑江――うんその鴨緑江ちゅう河やつは日本にゃなかごたる太か河げなばい。その鴨緑江をうっとめて、自分がほうに流れをむけかえさせて、このカーバイド会社の野口という人が発電所をつくったげなで――。そのときの陸軍大将にかけおうて、鴨緑江の流ればひん曲げようと思うがどうじゃ、そうやって電気をとれば、自分げの会社は太うなる。会社が太うなれば国のためにもなるちゅうて、陸軍大将ば味方につけて、朝鮮に日本一の会社ば建てらいたげなばい。まあそういう人物が、水俣に会社ば持ってきて据えらいたとですけん、わしゃ、天草の者どもと沖で逢えば心の自慢が口にでて、水俣の自慢話に会社の話をする。あきずに人にも語ってきかせよったとでござす。会社も近年になるほど太うなったちゅうて。

なにしろわしゃ、水俣の会社が葦の原の中にひゃあっとった、こまあか時分から知っとる訳ですけん。会社の港の護岸工事に天草から出てきて、きばったとでござすけん。ここの港はわしが造ったとでござすけん。子にも孫にも、この港は爺やんが若かったときに、石ば運うで、造ったもんぞと教えておこうごたる。妙なこころもちじゃあるが、会社にゃ煩悩の深かわけでござす。

　夜釣りで流されて天草寄りの沖の方から眺めると、九州の島がいかにもくろぐろとどっしり坐っとる。

　あそこあたりが芦北の空。

　あそこあたりが水俣の空。

　あそこあたりから薩摩出水郡の空と、わしどもにゃ空の照り返しをうけて浮き上がっとる山々の形ですぐわかる。ひときわ美しゅう、かっかと照り映えとる夜空の下の山々のあいが水俣で、それが日窒の会社の燃やす火の色でござす。どうかした晩にゃ、方角違いの山の端のぼうとひろがって照りはえるときがあるが、それはきっとどこかに、遠か山火事の燃えよる夜空で……。

　わしどもにゃ、水俣の夜空の色はすぐわかる。それをめじるしにして、いつも沖から戻ってきよりやした。

　会社さえ早う出けとれば、わしげの村の人間も、唐天竺の果てまで売られてゆかんでもよかったろに。しゃりむり女郎にならんちゃ、おなごでも人夫仕事なりとありだしたものを。

わしげふきんの村じゃ、ことにおなごは生まれた村を出てゆくのがならいで。わしどもがこまかときゃ、判人《はんにん》ちゅうのが村をまわってやってきよったばい。判をつかせて、おなごば連れてゆく。目立ってきりょうのよかむすめのおる家や、ちいっと魂の足らんような娘のおる家に目をつけて、その判人が談判にゆく。わしゃ今も忘れんが、おすみという色の白か顔のまるいみぞかおなごが、わしげの村におって、そのおすみが、わしげの家にゃ判人の来らいたちゅうて晩にはだしで、わしげのかかさんのところに泣いてきた。そこでわしげのかかさんは貰い泣きをして、

――判人が来てふた親が判をついたからには、もうしようがなか。おまや人より魂の多か娘じゃけん、小母やんがいうことばをようききわけろ。

お前やいったいいくらに値をつけられたかい……。みぞなげのう。

いくらに値をつけられてゆくかわしゃ知らんが、一度値をつけられて、売られて行ったその先では、魂を入れて、年期をつとめあげようぞ。そしてこの、年期ちゅうもんだけは、親にも判人にも、行った先の親方にも、よくよくたしかめて、覚えておこうぞ。そして年期が、やがてもうすぐ、来るわいちゅうときは、二度と判人の手にかからぬうちに、自分で自分を売る先を見つけようぞ。

判人に売らせずに、自分の体はそっくり自分で売ろうぞ。さすれば、余分の年期を加え

られることなしに、行たさき行たさきで、そのようにして年期が切れぬうちに、自分を自分でさきへさきへと売ってゆきおれば、我が身の借金もへり、判人がもうける銭は親にも送れて、年の五十にもなるころには、ひょっとすると、お前の魂と運気の次第では、生まれた村に戻りつけるかも知れん。

ぼんやりしとって判人の手にかかり、次から次に売られておれば、唐天竺の果てまでも連れてゆかれて、銭のとれん体にされてしもうて、銭のとれん体になれば犬のよめごにあてがわれて、犬とつがわせて、犬と人間のあいの子のでくる。するとこんどは、そのでけたあいの子を、見せ物小屋の見せ物に出されて、その子からさえも銭をとるげなぞ。

おすみ、小母やんがいうたことは自分の魂の中だけに入れて、親にも判人にもひとくちもいうこたならん。

おすみよい、戻ってこようぞ。なんちゅうみぞなげな……おまいが戻りつけるころにゃ、小母やんなもう、墓の中かもしれんが、必ず戻ってけえ。

墓の中からおまいが帰りば、手を合わせて、待っとるわい——。

そういうて、わしげのかかさんがおすみを抱き寄せて泣かるのをききつけて、わしもく、どの所に突っ立ってきいとった。婆やんの前ではじめて明かすが、わしゃ、そのおすみが、口にゃいわじゃったが好きでやした。もう時効にかかったことじゃ。婆やんも腹かくみゃあで。

おすみが戻った話は、この年になるまでついに、聞きやっせん。まあそのようなことのあって後に、わしゃ天草から渡ってきて、百間の会社の護岸工事の人夫に志願したとでござす。

なるほどカーバイド会社は出けとった。今のごたる会社じゃなかった。そんときこそ会社ちゅうもんは太かもんじゃと思うたが、今の会社の太さにくらぶれば毛の生えとるぐらいのもんで。今の百間の排水口のあるあたりから会社の正門のあるあたりは、一面の葦の原で、まあぐるっと会社のまわりは、そげんしたふうの景色でござした。それで会社に出し入れする石炭じゃろ何じゃろは、何か知らんが出し入れするコモ包みは舟で、その葦の間を押しわけて、舟というても笹舟のごたるもので、潮の満ち干の間を棹さしながら、出し入れしよったばい。

会社は太うなる。港はでくる。道がでくる。飯場もでける。道のはたには田んぼのぐるりにおなごのおる家も出くる。おなごどもは、たいがい天草からきとるちゅう話じゃった。おすみは水俣にゃ来とりやっせんでした。せめてならまちっと早うに水俣に会社の出けとれば、水俣も港のひらけて、おなごどものおる家もふゆれば、おすみも行く先もわからん支那に売られてゆかずに、せめて近か水俣の女郎屋に渡ってきておれば、ちらりとなりと店の前をのぞくことがでけて、そのうちにゃ、わしも銭もため得たかもしれん。玄界灘《なだ》を渡って行く先もわからんところに、はっててしもうた。

そげんしたふうで、いっときのまに町がでけ、汽車が会社の前から走る。

ふとか学校《がっこ》もでけて、孫どもはなかなか感心に、字を読むことができるばな。字の一字も見えんわしどもにゃ漁師より上の仕事のあろうかいと思うが、字ちゅうもんを覚えてみると、しゃりむり漁師がよかとは、思わんかもしれん。わしに息子がうんとおれば、一人ぐらいは会社にとってもろて、会社ゆきになしてみるのもよかろとおもうとった。一人息子でやしたけん、高等小学まで上げて漁師をつがしゅうとおもうて、本人も三つ四つの頃から魚釣りをおぼえた子でやしたけん、その気になって漁師になったが、水俣病にちなって、役せん体になってしもうた。

孫の時代になれば、今度は中学校までも上がらるるようになって、本人がふのよけりゃ、ひょっとすれば、会社のボーイくらいに、やとっていただくかも知れん。どっちみち、わしゃ田んぼも畠も持たんとでござすで、海だけが、わが海とおなじようなもんでござすが、こんだのように水俣病のなんのちゅうことの起これば、海だけをたよりに生きてゆくわしどめにゃ行く先の心細かかぎりでござすばい。

もうわしゃくたぶれた。あねさんかんにんしてくだっせ。わしゃもう寝る。

赤子のような湿った匂いが、杢太郎少年とわたくしの間に立ちのぼる。少年があてがわれている〝おしめ〟はそのか細い両脚の間に当てるには部厚すぎ、いつも湿っていた。彼もわたくしも何かに耐えている。この少年とわたくしの間がらはなんであるか。

酔い潰《つぶ》れた爺さまから投げ渡され委託されて、いま小半とき、少年はわたくしの膝と胸の間にいた。九歳という年にしては、爺さまがいうように〝木仏さま〟のように軽かった。膝を動かせばその軽さは、ひょい、と膝ながら浮きあがるような軽さである。少年の「曲がり尺」のような両肱《ひじ》はわたくしの両脇にかすかに垂れていたが、それがじりっじりっと、たとえば稚魚が釣糸の錘《おもり》をくわえてひくような力で、わたくしの背中を抱こうとしているのだった。

杢よい、おまやこの世に母《かか》さんちゅうもんを持たんとぞ。かか女の写真な神棚にあげたろが。あそこば拝め。あの石ば拝め。

拝めば神さまとひとつ人じゃけん、お前と一緒にいつもおらす。杢よい、爺やんば、かんにんしてくれい。

五体のかなわぬ体にちなって生まれてきたおまいば残して、爺やんな、まだまだわれひとり、極楽にゆく気はせんとじゃ。爺やんな生きとる今も、あの世に行たてからも、迷われてならん。

杢よい、おまや耳と魂は人一倍にほげとる人間に生まれてきたくせ、なんでひとくちもわが胸のうちを、爺やんに語ることがでけんかい。

あねさん、わしゃこの杢めが、魂の深か子とおもうばっかりに、この世に通らんムリもグチもこの子にむけて打ちこぼしていうが、五体のかなわぬ毎日しとって、かか女の恋しゅうなかこたあるめえが、こいつめは、じじとばばの、心のうちを見わけて、かか女のことは気ぶりにも、出さんとでござす。

しかし杢よい、おまや母女に頼る気の出れば、この先はまあだ地獄ぞ。

皮膚も肉も一重のようにうすい少年の頭骨と頬がわたくしのあごの下にあった。わたくしたちは、目と目でちょっと微笑みあった。

それからわたくしは彼の頭にあごをじゃりじゃりこすりつけ、さあ、といって爺さまのところに少年を持ってゆき、えびのように曲がって唇からぷくぷくと息を洩らしながらねむりこけた爺さまの胸と膝を押しひろげ、その中にこの少年を置いた。

李太郎少年は、食事が、自分で箸を使うことが充分できぬということもあったが、彼の体自体が食事というものを拒否するしかけになってゆきつつあり、三日に一日は青くじっとりと汗ばみつづけ絶息状態になるのである。食べる日にしても、彼は喜んで食べはしたが、同じ年齢の少年たちとくらべたら、三分の一くらいしか受けつけなかった。彼の体重は三歳児にひとしかった。

少年はす抜けることのできないせつない蚕のように、ぼこぼこした古畳の上を這いまわり、細い腹腔や手足を反らせ、青く透き通ったうなじをぴんともたげて、いつも見つめているのだった。彼の眸は泉のかげからのぞいている野ぶどうの粒のように、どこからでもぽっちりと光っていた。

第五章　地の魚

潮を吸う岬

夜干しされて月光に濡れしとれているカシ網。網の下にとけほどけているひき網。物干しにひっかけられ、中天にぽっかり輪をつくっている木の枝づくりの手網《たも》。庭先の漁具や、前庭のつづきに吹き抜ける波止や、潮の引いたあとに重々しく坐りこんでいる舟たちや、岩や、そのような岩にこびりついている磯の苔類や、もずくや、海そうめんや、岩の間の流木や、流木にひっかかっている藻の類や、濡れ髪のように渚いちめんにうちなびき、光を放っている海草のさまざまから、磯の匂いが立ちのぼってくるのだ。

海岸線に続く渺《びょう》々《びょう》たる岬は、海の中から生まれていた。

岬に生い茂っている松や椿や、その下蔭に流れついている南方産の丈低い喬木類や羊歯《しだ》の類は、まるで潮を吸って育っているように、しなやかな枝をさし交わしているのだった。そのような樹々に縁どられた海岸線が湾曲しながら、南九州の海と山は茫として、しずかにふかくまじわりあい、むせるような香りを放っていた。人びとのねむりはふかく、星が、ちかぢかと降りてくるこういう夏の未明には、空の玲瓏《れいろう》さがもどってくるのである。

みしみしと無数の泡のように、渚の虫や貝たちのめざめる音が重なりあって拡がってゆく。それは海が遠くて、満ちかえしてくる気配でもある。優しい朝。ニワトリが啼《な》く。対岸の天草に、かっと、朝日がさす。松蟬《まつせみ》がジーッ、ジーッと試し鳴きをはじめる。やがてそれが炒《い》り立てるような全山の声になる。

部落の坂道を若い男が下りてくる。

松の巨きな根元で、カーバイド燈のカスをこぼしていたひげ面が顔をあげる。かすんだようなまぶしそうな目つきで、若者の足元をチラとみる。腰から下が重くて、のしのし足が体の後からくっついて歩けば百姓。骨頬も鼻ばしらもどこか尖り、腰がひねれていれば漁師。いや、ここらの漁師ならたいがい顔みしりだ。背広を着て、目つきがのっぺりと卑しければ会社のスパイ。若くて大股で、ぴょんぴょん歩くのはたいてい新聞記者である。いやしかし、このごろの新聞記者というものもうろんくさい。会社の下請の現場に、水俣病のことをききまわるときは、読売の記者といい、部落の中をまわるときは西日本、といったりする。

若者はくたびれた、かぶってもかぶらなくてもよさそうな登山帽を頭にのせている。

――なんじゃ、小青年《こ》じゃ。

杉原彦次はそう思う。

若者はニコニコと杉原彦次に笑いかけ、ぴょこりとおじぎをする。

「こんにちは。あの網元の松本さんのお家はどこでしょうか」

よその訛《なまり》の言葉だ。笑えばすずしげな顔になる。

――おしめくさい小僧じゃ、しかし油断はできん。

杉原彦次はしょぼりと瞬《しばた》いて、「網元の松本さん方はあそこじゃが。網元の家に何の用かな」

といい、若者の細々としたズボンの中のスネの長さをみてとる。

「ぼく学生です。水俣病のことを勉強しにきました。どうぞよろしく」

「いや」

なんだか拍子抜けする。よろしく、とおじぎをされるとへどもどする。

二人は並んで歩き出す。

「それじゃなにかい、あんたは大学生かな」

杉原彦次はどこの馬の骨かわからない小伜に、親身な口をきいている自分に気づく。話のつぎほがなくなる。それから唇をむっとひき結んでしばらく歩く。

村の道が平たんになる。磯の匂いがつきあげる。道というより石垣で、そこは渚である。石垣にびっしり付着している牡蠣がらからワッと蝿が飛び立つ。潮はまだ道まであがっていない。ただ、昨夜あがった潮の跡が乾いて道に地図を描いている。その上に這いでている舟あまめたちが、かげろうのように淡い多足をかげらして石垣の中にもぐりこみ、道をあける。朝漁の始末をし終えようとしている女たちや男たち、海につかろうとして裸で出てきた子どもたちが、二人をじっとあけっぴろげのまなざしでみつめる。杉原彦次はいつもより大声で、

「松本さんな、おらるけ」

と、手仕事をやめている女たちにきく。
たとえばそのようにしてカメラマンや研究者の卵などがやってくる。
部落には実にさまざまな、よその人間たちが出入りしだしていた。それは水俣市役所衛生課の大がかりな、家々の井戸や床下や背戸や便所の消毒や、白い上衣を着た先生方——熊本大学医学部——の一斉調査を皮切りにはじまったのである。あれからもう、幾年経ったことか——。

もはや切りはなせない年月、血肉化された年月を、ひとびとはたえず反芻する。

あれはまるでコレラ騒ぎであった。家々の台所、味噌がめ、この地方独特の漬物である

寒漬大根、だしじゃこ、魚などが調べられだした。家々の暮らしはくまなく白日のもとにひきだされ、ひっくり返され、消毒衣をつけた市役所吏員らによってＤＤＴをうず高くふりかけられたのである。生殺しの年月が今朝もなんでもないことのように、そのようにして明ける——。

ひとびとははじめ、日々の暮らしの中にふとまぎれこんできた珍事を迎えるように、〝奇病〟を受け入れようとしていた。それは炉辺に寄ることの好きな村人にはかっこうの怪談だった。

猫たちがきてれつな踊りをおどりまわったり、飛びあがったりして、海に「身投げ」して死ぬ、という話を、ひとびとはしばらく楽しんでさえいたのである。舟幽霊やがわっぱを見たひとびとが、真実を語ろうとすればするほど、はためには虚構らしくみえ、しかしそのつくりごとをいかに迫真的に話し、それをききうるか、聞き手の方は、そのつくりばなしの中に身をのりだして参加することで、村の話というものはできあがってゆくものなのだ。まして聞き手の側に体験の共有があればなおさらに、話のさわりに近づくことができるのが、身についた伝統というものだった。死んだ猫や死につつある猫たちの話はだから、迫真的な親密な話題だった。

——おる家《げ》の猫もてんかんにかかったぞ。

――そりゃもうダメじゃ。逆立ちするごてなったかい。

――する、する。キリキリ舞うて。鼻の先で舞うとぞ。

――鼠とりのダンゴば食うたとちがうか。

――うんにゃ、ちょうど酔《え》食《くろ》うたごと、よろりんよろりん歩くけん。舞うけん、ほかの病じゃ。


話し手は身振りをまじえて猫の〈倒立様運動〉をよりリアルに説明しようとし、人びとはつい笑いあってしまうのである。

奇病が徐々に、人間たちの中に顕《あら》われはじめても、人びとはしごく陽気に受けいれようとしているようにみえた。


――月の浦ふきんにゃ、えらい変わったハイカラ病の流行《はや》りよるげなぞ。

――きいた、きいた。手足のしびれて、大の大人が石もなかところでパタパタつっこけるちゅうよ。

――明神の仁助親子も枕並べて寝とったばい。「仁助、親父どんはもう年でしようのなかが、こなたはまあ、まあだ中風でもなか年して、どげんしたかい。朝帰りばっかりしよったけんじゃなかや。もうからその年で、脳に打ちあげるわけもなかろて。はやばや六〇六号ども打ってもろうたがよかぞ」ちゅうたら、仁助やつはえへへちゅうてな、よだれ垂らしよる。あの荒神さんのような男がなあ、三つ子のごたる甘え口で、こんだの病気は、妙なアンバイばい、ちゅう。

——じつは俺も指の先のしびるっとぞ。餌のはずれてばかりおって。餌もじゃが、魚ば外してばかりおって、これにゃ困るばい、妙なアンバイじゃ。

——ほう、そんならおまいも、てっきりハイカラ病ぞ。こっち岸にも移ってきたかも知れんねえ。ハイカラ病かねえ、やっぱり。

昭和三十一年九月第四回定例水俣市議会議事録
（六番　山口義人君登壇）
○六番（山口義人君）日本には前例がない、病原体がいまだ発見できない月の浦の奇病、芦北脳炎は現在相当な患者が発生し、この病気にかかったが最後、全快しないという恐しい病気だそうで、現地の市民の方々の恐怖は想像にあまりあるものと存じます。発生当時新聞の紙上にて井戸水の中から農薬の一種を摘出されたと聞きまして、原因がわかってよかったとほっとした気持ちでおりましたが、最近私が私用で月の浦に行きまして友人四、五名と話した席上、この奇病の話が出ましてどうも原因は井戸水にあるというような結論を得たのであります。最近の干害時において飲水さえ足らず、ツルベを汲めば井戸水はたいがいあの付近は十八メートル以上あるそうです。そのツルベを汲めば水が底にある関係上水が濁って何時間もすえて置いて、その濁りを沈澱させて湯水に使用されておる現状である。

かくのごとき状態で洗濯水もほとんどなく、溜め水で洗濯いたし、ふろ水すらなく、百間までお湯に行っておられるそうであります。なお奇病には関係いたしませんが、いったん月の浦、出月部落において大火でも発生した場合においては焼けるにまかせるよりほかにしかたない状態である。ぜひこの際この部落に簡易水道の施設をし、ぜひ市内同様給水してくれるように要望があったので、市当局の御見解を聞かしてください。奇病予防対策と簡易水道実施の二点をご質問いたします。

○衛生課長（田中実君）月の浦の奇病では大へん皆さまに心配をかけておりますが、これは現在熊本大学の医学部と、それからこの地元においても対策委員を作っておりまして、大学の方では主としてこれを病理的に病原体の究明に当たっているわけでございます。現地の方の対策委員会ではこの環境だとか、あるいは発生時の状況だとか、あるいは続発の傾向だとか、そういうようないろんなことを研究いたしまして両者が一体になってこれの解明に当たるというような現状でございます。さっき申された井戸水のことでございますが、まだ水によってだという断定は下されておりません。それでその水によってと、かりにするならば、あの水を使っている方々のあるいは全部がそういうふうな現象をきたさなければならないと考えますが、これは水を使っておる者もごく一部の者でありまして、必ずしも究明されたとはわかりませんけれども、現在においては水のみと、さっき申したように断定するわけにはいかぬのであります。それでもって環境かららもこれの究明に当たっておりますので、これが解明されなければ適切な、いわゆる種痘によって疱瘡を皆無にするというような意味の適切な、そういう適切な対策というものは立てられないのでありますけれども、しかし何といいましてもやはりわれわれは手をつかねておるわけには参りませんので、この地区におきましては市外地あるいは郊外地よりか、なお頻度に――頻度においてというよりも、はなはだしい意味の頻度においてあそこを消毒しておるわけでございます。五月一日だったかと思いますが、そういう変な病気が出たということで、これも一般の間に非常に問題になりまして、この前も約十四、五、今から考えれば十四、五名の、そうじゃなかったかと考えられる原因不明の病気があったとあとでわかったのでありますけれども、それがきっかけになりまして、その後二、三名出て――なお私の手元にありますのでは、その後の発生というものは十三名でありますが、そういうふうに非常に多数発生しましたので、ここにこれは非常にゆるがせにされないのだというところから、私どもはこういう措置をとってきたのでありますｃところがとってきた現在といたしましては以前のような発生はいたしておりません。だからこれは必ずしも水だと、あるいはその他のヴィールスか、あるいはその他の菌かはまだわからないのでありますけれども、一応そういうふうな徹底的な消毒といいますか、そういうものは現地の人々に与える心理的な影響というものもありましょうけれども、しかし今のところ、それによってのみではないかもわかりませんが、発生が中絶しているというようなことから考えますと、やはりこの病原体というものはどういうところにあるかということが的確に究明されねばならない問題だと考えます。それでさっき申しましたように、今日も実は熊大から七人の対策委員がまいられまして、現地の状況調査や、あるいは現在熊大に入院していないところの三人の患者について精密な調査をされるということになっておりますが、こういうふうに両者とも熱心にこの解明に当たっておられますのでありますが、そうは申してもやはり病原体というものは、例のポックリ病などでも十年からかかっても解明されないということからいたしまして、やはり急に解明されるかあるいは相当な時日が要されるかはわかりませんけれども、そういうふうにみんなが熱心にやっておりますので、あるいはこの治療という部面だけでも、実は私のところに——伝染病院に収容いたしました患者からやはり皆さんの熱心な治療といいますか、そういうことで非常に軽快になって帰ったのもあるんでございます。それを現在の患者が必ずしも――全部が死んでしまうとさっきおっしゃいましたけれども、十三名のうちの患者では今なくなったのは三名でございます。それでまあこれからその患者が重態になるということも入院しているもののうちではあるかもわかりませんけれども、やはりある程度進行してそれで停止するか、あるいは少しずつ軽快になるという状態も見受けられるのでございます。だから全部が死ぬとは考えられません。それでまださっき申しましたように的確なる対策というものは立てられませんけれども、やはり私どもは大学とそれから地元と私ども一緒になりまして、なるだけこれが発生しないようにという措置を講じておるわけでございます。

それから井戸のことでございますが、あそこの上水道、簡易水道のですね――簡易水道のことでございますけれども、これはご承知のとおり、あそこはほんとうに水がないところです。それで前々からいろいろ建設課とも話はしておりました。何とか考えなければならないということは考えております。けれどもあそこには水源というものがないのでございます。それで、これを冷水《ひやすじ》といいますか、あそこの水をかりに引きますといたしましても、これは前から――まだ具体的にどうということではなくて、内々の話でございますが、それでは約一千二百万円の経費を要するんじゃなかろうかと、そういうことになっております。この水俣港が将来発展をいたしまして、あの付近に住宅ができたり、あるいは現在の上水道の水でも足りなくなることも考えられますので、そういうときはまた別でございますけれども、今のところ一千二百万円といいますと、――やはりこれは一千二百万概算でございますので――しかしそういう膨大なことも非常に受益者の方が少ない現状でございますから、もう少し検討を要する問題じゃなかろうかと考えておりますが、何もこれも無関心であったわけではございませんのでご了解をお願いいたします。

○六番（山口義人君）了解

事実はしかしなにひとつ了解されたわけもなく、奇病はより確実に、月ノ浦、出月、明神、湯堂、茂道と渚ぞいの部落にあらわれつつあった。奇病の本体が公式に表明されぬまに、連鎖的派生的な事件が、人びとの暮らしと心をゆっくりとひきさく。

新聞記者や雑誌の記者たちがやってくる。彼らはじつにさまざまのことを質問する。彼らは紙切れとペンをまずとりいだす。

――えーと、お宅の生活程度は。

——はい？

——つまりですね、畑はいくらで、舟は何トンですか。

このような無神経な質問にでもひとびとはつい持ちまえの微笑を浮かべて答える。外来者用のことばを。心の中では憮然《ぶぜん》としながら。

——食べものは、主食は何を食べていられますか、米半分、麦半分、甘藷、甘藷が主食ですね。ほう、おじいさんはご飯はあまり食べない？　魚をねえ、魚を食べるとご飯いらないですか。いったいどのくらい食べるのです！　おさしみを丼いっぱい！　へえ、それじゃ栄養は？

記者たちや自称社会学の教授たちはビックリする。〝なんとここは後進的な漁村集落であるか〟そして記事の中に〝貧困のドン底で主食がわりに毒魚をむさぼり食う漁民たち〟などという表現があらわれたりする。慈善屋たちは、

——もっと悲惨な生活状況ときいてきたのに、藁《わら》屋根の家が一軒もないとは遺憾ですよ。思うに漁民気質のあの、宵越しの金は残さぬとかいう主義で、会社の〝見舞金〟を家の造作などに使ってしまったのですな。水俣病の悲惨さを訴えてやろうにも、金の使い方がヘタでアピールしにくいよ——

などとおもいついたりする。

〝文明〟に閉ざされている都市市民たちには、もはや天地自然の中での原理的な生活法や、そのような生活者の心情がわからない。計りではかったりする栄養学や矮小な社会学しかわからない。

彼らはまたひとびとをけしかけたりもする。

――組織をつくらなければダメです。ばらばらに考えこんでいてもダメです。組織をつくって工場にかけあいにゆかなくちゃ。日窒や市内の労働組合は何をしているのですか。それからちょっと声をひそめていう。

――共産党はいるんですか。なぜ来ないのです、え？　なにをしているんだ、アイツら。

初期の頃、若いよそからくる記者たちの助言は、それでもありがたかった。

患者家庭では一戸から五十円ずつ出しあって〝組織〟を作ったのである。事情がひっぱくしてゆくに従って五十円の会費は二十円になった。親方が奇病になった家では女房が女親方になって寄合いに出た。水俣病患者互助会の成立した月日を、初代の渡辺栄蔵会長は定かにおぼえてはいない。続発する患者と死者と会員たちのさしせまる生活を、ぞっくり抱えこんでいたから。組織などというものはすでにどこかで、だれかがそれまでは、つくってくれていて、すっぽりといつでもそれにはいっていればよかった。〝兵隊〟や村の

〝組〟や〝漁業組合〟、それに農業の〝小組合〟、女親方になったものは、〝地域連合婦人会〟などがひとびとを入れている組織のすべてであった。

――水俣病患者互助会は、総評やなにかのように上から、だれかがつくってくれるものでなく、いちばん始まりから、自分たちだけのチエと力でつくらにゃなりまっせんでした。若い記者さんたちが、つくれつくれといいなはります。そういわれるといわれるまでもなく、だれの力も借りずに自分たちでつくらにゃなりません。原因のわからんちゅうて、市も県も会社も、だれひとりうてあいません。三十四年の補償交渉のときはそれで、自分の仇を自分でとりにゆく勢いでしかかりました。世論がしかし加勢しまっせんでした。仇をとるどころかあのようなことになりました。蜂の巣城のたたかいや三池炭坑のことや、アンポのありよりましたけん、水俣病のことは、肩身の狭うございました。月二十円の会費を資金にして、町の市役所や日窒や、熊本県庁や、日窒の東京本社にデモをかけたり、坐りこんだりして、思えばよっぽど思いつめておりましたばい。坐りこみにゆくにも銭の要る。思いつめにゃでけん。水俣の町の角には立てません。市民が憎みますけんな。よその町に行こうだい、ちゅうて、よその町の角に立ってカンパばお願いしました。夏の土用の日なかにも、師走《しわす》の風の吹きさらすときにも。ああいうときが、かんじんのなりはじめでございます。

渡辺初代互助会会長はもともと漁師ではなかった。大八車をひいて村や町の祭礼に、子ども相手のポンポン菓子や、鯛焼を売って歩く、あの大道の商人だった。親父の大八車のあとを押して、村々を歩き育ったのである。そのことは彼を人なつこくし、刻みのふかい人生観を持たせることになった。若い頃の流浪《るろう》と立志の記念に、いまでも彼は鯛焼の鋳型を大切に保存している。

〝旅〟の話を孫たちに伝えるために。ともかく彼は水俣の南のはずれの漁村に家を建てるだけの土地と、三トンの舟を持ち、順調にゆけば大家族の長老でおさまっておれたのであった。彼の幼いときからのたのしげな村まわりの話の中に、不可思議に妻女の話が欠落して出てこない。障子一重の隣部屋にふとんをかけられて、声ひとつあげずに臥床して、骨細く屈曲した老婆の姿があることを、彼も私もいつも意識している。彼の孫は三人ながら水俣病患者であり、たぶん彼の老妻もそうである。国道三号線を見下す家の入口であるところの石段に、よく彼は腰に手をあてて立っている。バスの窓から顔を出すと、

「よっ」

とこの長老は笑って片手をあげる。

「おじいさんとこのおばあさんも、水俣病では」

ときくことはたやすい。が、水俣病は文明と、人間の原存在の意味への問いである。たぶん彼のそのような沈黙は、存在の根源から発せられているのである。彼こそは、存在を動かす錘《おもり》そのものにちがいない。だからわたくしは、彼の沈黙をまるまる尊重していた。彼がしゃべりだすまでは——。

さまよいの旗

昭和三十四年九月、安保条約改定阻止国民会議第七次水俣市共闘会議。

主軸はまだ割れない前の新日窒工場労組三千。新日窒労組書記局従組。水俣市教職員組合三百。水俣市職組五百、全日自労二百五十。君島タクシー従組、全食糧従組、厚生施設従組（日窒）、摂津労組（日窒下請）、水光社労組（日窒）、谷口労組（日窒下請）、全統計、全逓信、全専売、自由労組、扇興運輸（日窒下請）、国鉄、帝国酸素、高教組、全電通、全林野、全日通、革新議員団、共産党芦北地区、社会党水俣支部、サークル協議会。

新日窒工場に隣あう第二小学校校庭――。

大会は司会者挨拶、決議文採択、中央大会の社共への激電を発し「ただちにデモ」へ移ろうとしていた。

――第一隊は第二小から新青果市場前へ。

――第二隊は第二小から西林業の角へ。

——第三隊は西林業角から丸島通りへ。

——デモ隊は外部とのまさつが起きぬよう十分注意すること。

そのときデモ隊の右前方、すなわち新日窒工場横の方から赤、青ののぼり旗をゆらめかせて、三百ばかりの漁民デモがあらわれたのである。期せずして両方のデモ隊は視線をあわせた。漁民たちの集団は、うつろで切なそうな目つきをし、手に握りしめているのは栄進丸、幸福丸、才蔵丸、などという舟の名を染めぬいた大漁旗である。なぜそのとき、漁民たちがそのようなあらわれ方をしたのか、いまもって、わたくしにはわからない。

しかし、このとき、わが安保デモの指揮者は勢いづいたままの声でいった。

——皆さん、漁民のデモ隊が安保のデモに合流されます。このことは、盛りあがってきたわれわれの、統一行動の運動の成果であります。拍手をもって、皆さん拍手をもって、おむかえしましょう。

安保デモは盛大な拍手をし、そのままいつもなりふりかまわぬ全日自労のおじさんおばさんたちを先頭に、ワッショワッショとくり出した。このとき安保デモ約四千余。お祭かぐらのようなプラカードをかかげ、人口五万水俣市の全市的規模の労働者、市民を動員しえていた。

工場正門あたりで紛争を起こしていた漁民デモの記事が、このころ小さく地方版の記事にのりはじめる。安保デモと合流したとの記事はみつからない。おそらく工場正門あたりをゆききして、相手にされなかった漁民集団が、記者たちをふりこぼし、流れ解散前のやりどない気持ちのまま、偶然、安保デモの横を通りかかり、赤旗の林立にひき寄せられて歩み寄ったのにちがいないのだ。

漁民たちは、安保デモの拍手に羞らいと当惑をみせたまま、そのまままつつみこまれて、水俣警察署前を通り、水俣川を渡り、第一小学校前の解散式に合流参加した。思えばそれはうつろな大集団であった。あのとき、安保デモは、

「皆さん、漁民デモ隊に安保デモも合流しましょう!」

といわなかった。水俣市の労働者、市民が、孤立の極みから歩み寄ってきた漁民たちの心情にまじわりうる唯一の切ない瞬間がやってきていたのであったのに。このとき〝労農提携〟、〝農漁民との提携〟、〝地域社会との密着した運動〟をかかげる自称前衛たちの日常スローガンは、数かぎりなく配り散らされ、道の上に舞う文字通りの反古《ほご》であった。その安保デモの中に、市民参加者としてわたくしもまじっていたのである。

〝おくれた、まだめざめない、自然発生的エネルギーは持つこともある、人民大衆〟とは何であろうか。常に組織されざる人びとを、常民とか細民、などとかねがねわたくしたちはわけ知り顔にいう。おもえば、わたくしたち自身のさまよえる思想がまだ、漁民たちの

心情の奥につつみこまれていた。最深部の思想が。
このようにして劇的瞬間は何ごともなく流れさった。はしなくも安保デモが一地方の町で最高潮に達したかと思われた時期に、この国の前衛党を頂点にした上意下達式民主集中制の組織論がまだ全貌をあらわさぬ悲劇図の上を、ゆるゆるとゆく大集団となって、横切ったのである。赤や青の旗の色で彩りながら。紙食い虫の列のように——。

昭和三十四年十一月十六日
熊本県水俣市周辺におけるいわゆる「水俣病」に関する資料
衆議院農村水産委員会調査室

一、衆議院における現地調査
1、調査日程
昭和三四・一〇・三一　東京出発
〃　一一・一　熊本県庁において知事、水俣市長、県議会対策委員会、食品衛生調査会水俣食中毒部会、熊本大学、県漁連等関係者と懇談
〃　一一・二　不知火海水質汚濁防止対策委員会代表者（県漁連会長）等から

陳情を受ける
水俣市立病院にて市、市議会、漁協等関係者と協議懇談
市立病院入院患者（二九名）の病状視察
湯堂において自宅療養患者の状況視察
水俣港の汚染状況及び袋湾における終戦時の遺棄投入物の有無
について事情聴取
津奈木村にて陳情を受ける
〃　一一・三　新日本窒素肥料株式会社水俣工場視察及び協議懇談
〃　一一・四　東京帰着

2、派遣委員等

㈠派遣委員
社会労働委員会　委員　柳谷三郎（自）　理事　五島虎雄（社）　同　堤ツルヨ
（社ク）
農林水産委員会　理事　丹羽兵助（自）　委員　松田鉄蔵（〃）　理事　赤路友蔵
（社）
商工委員会　委員　木倉和一郎（自）　理事　松平忠久（社）

(二)党派遣議員　福永一臣（自）　坂田道太（〃）　川村継義（社）

(三)政府側（同行）

厚生省環境衛生部食品衛生課長　高野武悦

水産庁調査研究部研究第一課長　曾根　徹

通商産業省軽工業局肥料第二課長　高田一太

〃　企業局工業用水課長補佐　左近友三郎

経済企画庁調整局水質保全課長　深沢長衛

二、調査報告

例　農林水産委員会（三四・一一・一二丹羽兵助理事から報告）

（前略）

まず、水俣病といわれる病気でありますが、熊本県の南、鹿児島県との県境に程近い水俣市を中心とした一定の地域に発生する奇病であって、中枢神経疾患を主兆とする脳病であります。手足の麻痺、言語障害、視聴力障害、歩行障害、運動失調及び流涎等特異的かつ激烈な病状を呈し、気違いと中風とが併発した病状といわれるゆえんであります。

私共は水俣市立病院に入院している二十九名の患者及び自宅療養患者について視察し

たのでありますが、それぞれ長期にわたっていつ治癒するともわからぬ果てなき療養生活を送っており、また重症者においては、意識すらないもの或いは発作的に激烈な痙攣を起こすもの等正視するに耐えない悲惨きわまりない症状を有する病気であります。

しかも本病は、水俣湾周辺に産する魚介類を相当量摂取することにより発病し、性別、老幼の別なくその上一般に貧困な漁民部落に多発し、家族姻族発生が濃厚であるという実情であります。

現在これが治療法としては、ビタミン、栄養の補給等一応の手だてはあるとはいえ、いったん発病するときは完全治癒することはなく、幸にして死を免れた者も悲惨な後遺症のため廃人同様となるまことに憂慮に耐えない疾病であります。

この種の病気が、昭和二十八年末一名の初患者を見て以来、現在までの患者総数七十六名の多きに達し、中でも昭和三十一年は最も多く四十三名の患者の発生を見ているのであります。

しかも、従来水俣市の地域に限られていたものが、去る九月にいたって、同市の北方約五粁《キロ》の芦北郡津奈木村に親子二名の新患者が発生し、患者発生地域が更に拡大されて参った次第であります。

しかして昭和三十一年以来既に二十九名が死亡しており、その死亡率は四〇％に近い高率を示しておるのであります。

水俣病の原因究明については、昭和三十一年から始められ、当初においては、ろ過性病原体によるものとの疑いが持たれ、次に重金属による中毒と考えられ毒性物質としてマンガン、セレン、タリウムが有力視され、かつ魚介類による媒介とされていたのであります。

しかしこれらの物質は、何れも単独では水俣病と全く一致する病変を起こさしめることができなかったのであります。

その後、政府においても原因究明のための調査依託費等を支出し、熊本大学医学部を中心として研究を進め、引き続き本年においては厚生大臣の諮問機関である食品衛生調査会に水俣食中毒部会を設けさらに調査研究の結果、毒性因子として新たに水銀説が有力となり去る七月十四日中間報告として、魚介類を汚染している毒物として水銀がきわめて重要視される旨発表されたのであります。

その根拠としては、各種障害の臨床的観察が、有機水銀中毒ときわめて一致することあるいは病理学的所見において神経細胞及び循環器障害が有機水銀中毒に認められること、また、動物実験においてもムラサキイガイ（水俣湾内産）を猫に与えた場合と自然発生猫とは全く同様の変化を起こし、さらにエチール燐酸水銀を猫に経口的に投与すると

き も介類投与の場合と同様であり、かつ、患者及び罹患動物の臓器中から異常量の水銀が検出される点を挙げているのであります。

なお、水俣湾の泥土中に含まれる多量の水銀が魚介類を通じ有毒化されるメカニズムは未だ明白でなく今後究明すべき点としているのであります。

この食中毒部会の中間発表に対し、新日本窒素肥料株式会社においては、水銀については研究に着手したばかりで実験に基くデータは発表の段階にいたらないが、科学的常識上及び食中毒部会のデータの不備な点について次のとおりの見解を発表し、有機水銀説は納得できないとしているのであります。

すなわち、水俣工場は昭和七年以来今日まで二十七年醋酸《さくさん》の製造に水銀を使いまた昭和十六年以降においては塩化ビニールの製造にも水銀を使っており、これら水銀の損失の一部として工場排水と共に水俣湾内に流入しているのは事実である。しかもその量は、過去における醋酸生産十九万トン、塩化ビニール三万トン程度であるところから六十トン、最高百二十トンということであります。

しかるに昭和二十九年になって、突然水俣病が発生した事実は無視できない。また水俣病は昭和二十八年以前にはまったくなく、二十九年から突発したことは、昭和二十八年、同二十九年を境として水俣湾に異変が起こったと考えるのが常識的と思われるというのであります。

また、有機水銀であるメチール水銀及びエチール水銀は有機溶剤にとけ易く、エチール燐酸水銀は水にも可溶である。このような有機水銀の性質にもかかわらず、熊大における既往の動物実験結果においては、介類を有機溶剤で処理した場合、抽出された部分からは発病を見ず、抽出残渣《さ》の方から発病する。このことは工場における実験結果ともまったく同様であって、この結果毒物は、アルキル水銀化合物ではない等反証しているのであります。なお、新日本窒素肥料株式会社は、資本金二十七億円で、水俣工場を主たる工場とし、同工場においては年間硫安、硫燐安等約三十万トン、塩化ビニール、醋酸等三万トン、その他十二万トン計四十五万トンを製造し、現在一時間約三、六〇〇トンの排水を水俣湾に放出しているのであります。

しかし、会社の資料によると、この排水は機器の冷却用が主体であって、直接製造工程から出る排水は一時間約五百トン程度であり、その水質は問題にならないということであります。

すなわち、去る七月における分析表を見ると水俣湾流入排水及び八幡排水はそれぞれペーハー六・三、一一・九、水銀一立当たり〇・〇一、〇・〇八ミリグラム、過マンガン酸カリ消費量二四一、等となっております。

私どもは、工場における排水処理状況を視察するとともに明神崎、恋路島及び柳崎に囲まれた水俣湾及びさらに天草あるいは長島、獅子島等の島々に囲まれた不知火海の二重の袋湾になっている現地の状況を視察したのであります。

水俣湾においては、過去における排水による堆積物と思われる泥が三メートル以上にも及び、悪臭を放つ実情であります。

また、終戦時海軍所有の爆弾を投入したと称されていた湾についても、その現地において当時の責任者であったという元海軍少尉甲斐氏から当時の実情を聴取したのでありますが、すべて水俣駅に搬出し、一発も投棄していないということでありました。以上のとおり水俣病は水俣市周辺に産する魚介類を摂取することにより発病する関係から、水俣市鮮魚小売商組合は、すでに八月一日、水俣市丸島魚市場に水揚される魚介類のうち、水俣近海でとれたものは、たとえ湾外のものであっても絶対買わぬとの不買決議を行ない、以後漁民は全面的に操業を停止するの止むなきに至り、収入の道はまったく断たれている次第であります。

また、近隣の漁村においても、これが連鎖反応のため甚大な悪影響を蒙《こうむ》り、日々の食生活にもこと欠くにいたり社会問題となっている次第であります。

かかる事情の下において、去る八月三十日には、水俣市長をはじめとする九名の漁業補償あっせん委員のあっせんにより、会社から水俣市漁業協同組合に対して、水俣病関係を除く工場排水による漁業被害補償として、毎年二百万円を支払うことを約定すると共に、昭和二十九年以降の追加補償金二千万円及び漁業振興資金一千五百万円計三千五百万円を支払っておるのであります。

このように、とも角水俣市漁協に対しては補償措置がとられているものの日奈久《ひなぐ》と姫戸《ひめど》を結ぶ線以南の二、三漁協、関係漁民四千名余は総て操業不能におちいり、他の海域に漁場を求めなければ生活できない状態に立ち至っている次第であります。

これがため、私どもが参りました十一月二日においても熊本県漁連が中心となる不知火海水質汚濁防止対策委員会の関係漁民数千人が参集しており、切実な陳情を受けたのであります。

その後これら関係漁民の一部が工場に押入り事務所を損傷する等暴挙に出たことは遺憾に存ずる次第であります。（後略）

草の親

年月は、岩をうがってゆく潮の満ち干になんとよく似ていることだろう。それは風化や侵蝕やをもたらす。ことにこのような岸辺に住みついている人びとにとっては——。

杉原彦次の次女ゆり。41号患者。

むざんにうつくしく生まれついた少女のことを、ジャーナリズムはかつて〝ミルクのみ人形〟と名づけた。現代医学は、彼女の緩慢な死、あるいはその生のさまを、規定しかねて、「植物的な生き方」ともいう。

黒くてながいまつ毛。切れの長いまなじりは昼の光線のただなかで茫漠たる不審にむけてみひらき、その頭蓋の底の大脳皮質や小脳顆粒細胞の〝荒廃〟やあるいは〝脱落〟や〝消失〟に耐えている。メチル水銀化合物アルキール水銀基の侵蝕に。

——ゆりちゃんかい。

母親はいつもたしかめるようにそうよびかける。

——ごはんは、うまかったかい。

と。——どれどれおしめば替えてやろかいねえと、十七歳の娘にむかって呼びかける。〝奇病〟にとりつかれた六歳のときから、白浜の避病院でも、熊大の学用患者のときにも、水俣市立病院の奇病病棟でも、湯の児リハビリ病院でも、ずっと今までそうやって母親はきたのだ。姉娘は〝軽症〟だから入院できないから、家におかねばならない。夫は専業漁師をやめて失対人夫にゆく。だから母親は毎日は病院に来てやれない。冬は、夫婦とも手がしびれる。唇のまわりも。母親はかすかな笑みを浮かべていう。——わたしどんも水俣病ばい。箸ばおっことしよったもね。このへんの者は誰でん、しびれよったばいあのころ。しかしこの夫婦は名のり出ない。〝このへんの者〟たち同様に。

カラス　ナゼナクノ

カラス　ハ　ヤマニ

カアイ　ナナツ　ノ

コガ　アルカラヨ

娘はそううたっていた。四歳の頃。カラスナゼナクノと母親は胸の中で唄う。

「とうちゃん、ゆりは達者になるじゃろか」

「――」

「まさか達者にゃなるめえなあ」

「――さあ、なあ」

「ゆりは入院した頃からすればいくらか太うなったごつもあるばい、あんたそげんおもわんや?」

「ん、ちっとは太うなったごたる」

「とうちゃん、ゆりは、とかげの子のごたる手つきしとるばい。死んで干あがった、とかげのごたる。そして鳥のごたるよ。目あけて首のだらりとするけん」

「馬鹿いうな」

「うちはときどきおとろしゅうなる。おとろしか。夢にみるもん、よう(よく)。磯の岩っぴらの上じゃのに、鳥の子が空からおちて死んどるじゃろうがな。胸の上に手足ば曲げてのせて、口から茶色か血ば出して。その鳥の子はうちのゆりじゃったよ。

うちはかがんで、そのゆりにいいよったばい。何の因果でこういう姿になってしもうたかねえ。生まれ子のときは、どうぞ、手の指足の指いっぽんも、欠けることなしに生まれてきてくれい、きりょうは十人並みでよか。どうぞ三本指にはなってくれるな……。人並みの子に生まれてくれいちゅうてかあちゃんも、ねごうたよ。赤子のときは当たりまえの子に生まれたがねえ。何でこういう姿になったかねえ。手の指も足の指もいっぽんも欠けることなしに生まれたものを、なして、この手がだんだん干こけて、曲がるかねえ。悪かことをしたもんのように、曲がるかねえ。

親の目には、なして、顔だけは干こけも曲がりも壊《く》えもせずに、かえってうつくしゅうなってゆくごと、見ゆるとじゃろ、これはどういう神さんのこころじゃろ。人よりもおろよかかあちゃんから生まれてきたくせに、このような眸ば、神さんからもろうてきて。なして目をあけたまんまで眠っとるかい。ゆり、ほら、蠅の来たよ。蠅の来てとまったよ、眸に。

まばたきもしきらんかねえ、蠅の来てとまっても、ゆり。

ゆりよ、おまや赤子のときはほこほことした赤子で、昔の人のいわすごと、這うたと思えば立ち、立ったと思えば歩み、歩うだと思うたらもう磯に下りて遊びよったが。三つ子の頃から海に漬《つ》かり、海に漬《つ》ければ喜うで、四つや五つのおなごの子が、ちゃんと浮くみちをおぼえて、髪の切り下げたのをひらひらさせて波にひろげて、手足を動かせばそのまま泳げて。まあだ舌もころばぬ先から網曳くときの調子をおぼえて、舟にのせればかあちゃんが網曳くときは、いっしょに体をゆり動かして、加勢しよったばいねえ。

ままんご遊びをしだしたら、もう潮の満ち干を心得て、潮のあいまに手籠《てご》さげて、ままをんご遊びに、ビナじゃの貝じゃの採ってきて、汁の実のひと菜ぐらいは採ってきてくれよったよね。

片っぽの手には貝の手籠、片っぽの手には椿の花の輪ば下げて。ゆりちゃんもう花も摘まんとかい、唄もうたわんとかい。

一年生にあがるちゅうて喜んで、まあだ帳面いっちょ、本いっちょ、入っとらん空のランドセルば背負うて石垣道ばぴょんぴょん飛んでおりて、そこら近辺みせびらかしてまわりよったが――。ガッコにも上がらんうちに、おっとろしか病気にとかまってしもうた。こげん姿になってしもうて、とかげの子のごたるが。干からびてしもうてなさけなかよ。ゆりはいったいだれから生まれてきた子かい。ゆりがそげんした姿しとれば、母ちゃんが前世で悪人じゃったごたるよ。

悪人じゃったかもしれん母ちゃんは。おなごはどこに業を負うとるかもわからんちゅうけん、母ちゃんが業ば、おまえが負うて生まれてきたかもしれん。

ゆり、あんまりものいわんとめめずになるぞこんどはめめずに。

とうちゃん、うちは磯の岩の上にかがんで、鳥の子のゆりば責めよる夢みるばい。あの子ば責めてはならんとに。

あんたとうちゃん、ゆりが魂はもう、ゆりが体から放れとると思うかな」

「神さんにきくごたるようなことばきくな」

「神さんじゃなか、親のあんたはどげんおもうや。生きとるうちに魂ののうなって、木か草のごつなるちゅうとは、どういうことか、とうちゃんあんたにゃわかるかな」

「――――」

「木にも草にも、魂はあるとうちは思うとに。魚にもめめずにも魂はあると思うとに。うちげのゆりにはそれがなかとはどういうことな」

「さあなあ、世界ではじめての病気ちゅうけん」

「病気とはちがうばい。五つや六つの可愛い盛りに、知らぬあいだに魂をおっ奪《と》られて。あんたなあ、尻の巣をがわっぱにとらるる話はきくばってん、大事な魂ば元《がん》からおっ奪られた話はきいたこともなかよ」

「あんまり考ゆるな、さと」

「魂もなか人形じゃと、新聞にも書いてあったげなが……、大学の先生方もそげんいうて、あきらめたほうがよかといいなはる。親ちゅうもんはなあ、あきらめられんよなあ。大学の先生方もわが子ばそうされれば諦めつかすじゃろうか。まして会社のえらか衆の子どんがそげんなれば、その子の親は。おかゆを流し込んでやればひっかかりながらも咽喉はすべりこむ。ちゃんとゆりは食べ物は腹におさめよる。便もおシッコも人間のものを出しよるもね。手足こそ鳥の子のようにやせ干こけるが、顔はだんだん娘らしゅうなってゆきよるよ。あんたにはそういうふうには見えんかな」

「そうじゃなあ」

「ゆりはもうぬけがらじゃと、魂はもう残っとらん人間じゃと、新聞記者さんの書いとらすげな。大学の先生の診立《みた》てじゃろかいなあ。

そんならとうちゃん、ゆりが吐きよる息は何の息じゃろか——。草の吐きよる息じゃろか。

うちは不思議で、ようくゆりば嗅いでみる。やっぱりゆりの匂いのするもね。ゆりの汗じゃの、息の匂いのするもね。体ばきれいに拭いてやったときには、赤子のときとはまた違う、肌のふくいくしたよか匂いのするもね。娘のこの匂いじゃとうちは思うがな。思うて悪かろか……。

ゆりが魂の無かはずはなか。そげんした話はきいたこともなか。木や草と同じになって生きとるならば、その木や草にあるほどの魂ならば、ゆりにも宿っておりそうなもんじゃ、なあとうちゃん」

「いうな、さと」

「いうみゃいうみゃ。——魂のなかごつなった子なれば、ゆりはなんしに、この世に生まれてきた子じゃいよ」

「――――」

「あんた、しゅんじゅん（しみじみ）と考えてみてはいよ。草よりも木よりもゆりが魂はきつかばい。草や木とおなじ性《しょう》になったものならば、なして、ゆりはあげんしたふうな声で泣くとじゃろ。

どのように生まれたての赤子でも、この世に生まれたという顔をして生まれ出る。あくびのなんのして。この世に生まれればもう、眠っとる間もひょいと悲しかったり、おかしさに笑うてみたりするもんじゃ、赤子は。ゆりがあげんふうに泣きよるのはやっぱり魂が泣きよるにちがいなか」

「しかし、いくら養生してもあん子が精根《しょうね》は元に戻らん。目も全然みえん、耳もきこえん。大学病院まで入れてもろて、えらか先生方に何十人も手がけてもろても治らんもんを、もうもうたいがいあきらめた方がよか」

「あきらめとる、あきらめとる。大学の先生方にも病院にもあきらめとる。あんたなあ、ゆりに精根が無かならば、そんならうちは、いったいなんの親じゃろか。うちはやっぱり、人間の親じゃあろうかな」

「妙なことをいうな、さと」

「ゆりは水子でもなし、ぶどう子でもなし、うちが産んだ人間の子じゃった。生きとる途中でゆくえ不明のごつなった魂は、どけ行ったち思うな、とうちゃん」

「おれにわかろうかい、神さんにきいてくれい」

「神さんも当てにはならんばい。この世は神さんの創ってくれらした世の中ちゅうが、人間は神さんの創りものちゅうが、会社やユーキスイギンちゅうもんは、神さんの創りもんじゃあるめ。まさか神さんの心で創らしたものではあるめ」

「おまえも水俣病の気《け》のあるとじゃけん、頭のくたびれとっとじゃ、ねむらんかい、ねむらんかい」

「ねむろねむろ。うちはなあとうちゃん、ゆりはああして寝とるばっかり、もう死んどる者じゃ、草や木と同じに息しとるばっかり、そげんおもう。ゆりが草木ならば、うちは草木の親じゃ。ゆりがとかげの子ならばとかげの親、鳥の子ならば鳥の親、めめずの子ならばめめずの親――」

「やめんかい、さと」

「やめようやめよう。なんの親でもよかたいなあ。鳥じゃろと草じゃろと。うちはゆりの親でさえあれば、なんの親にでもなってよか。なあとうちゃん、さっきあんた神さんのことをいうたばってん、神さんはこの世に邪魔になる人間ば創んなったろか。ゆりはもしかしてこの世の邪魔になっとる人間じゃなかろうか」

「そげんばかなことがあるか。自分が好んで水俣病にゃならじゃったぞ」

「神さんに心のあるならば、あの衆《し》たちもみいんな水俣病にならっせばよかもねな」

「――」

「あの衆たちはいいようらす。

――ゆりちゃん、まあ、やっぱりわからんかい。ほうほう、美しか眸はあけたまんま。ゆりちゃん何年ねむっとるかいねえもう。あんたあんきでよかねえ。娑婆《しゃば》のことはなあんも知らんずく。ねむったまんまでよか娘にきゃあなって、ほんにほんにこのひとの器量のよさ。精のなか所がかえって美しか。おなごは器量で銭をとるちゅうて、昔のひとのいわしたが、ほんにこのひとは寝えとって、器量で銭とらす。

いつも新聞雑誌にのせてもろうてスターよな。親孝行者ばい、全国各地から供え物の来て。千羽鶴のなんの来て。弁天さまじゃなあ、ゆりちゃん。ゆりちゃん家《げ》はほんによか倉の立つよ――。

そういう風にいいようらす。あの衆たちも、みいんな水俣病になってしまや、よかろうばい」

「人を呪わば穴二つちゅうたもんぞ」

「ほんにほんに。ひとを呪わば穴二つじゃ。自分の穴とひとの墓穴と。うちは四つでん五つでんひとの後に穴掘るばい。わが穴もゆりが穴も。だれの穴でも掘ってやろうばい。ただの病気で、寿命で死ぬものならば、魂は仏さんの引きとってやらすというけれど、ユーキ水銀で溶けてしもうた魂ちゅうもんは、誰が引きとってくるるもんじゃろか。会社が引きとってくれたもんじゃろか？」

「――」

「ゆりからみれば、この世もあの世も闇にちがいなか。ゆりには往って定まる所がなか。うちは死んであの世に往たても、あの子に逢われんがな。とうちゃん、どこに在ると？ゆりが魂は」

「もうあきらめろあきらめろ、頭に悪かぞ」

「あきらみゅうあきらみゅう。ありゃなんの涙じゃろか、ゆりが涙は。心はなあんも思いよらんちゅうが、なんの涙じゃろか、ゆりがこぼす涙は、とうちゃん――」

　熊本大学水俣病医学研究班が昭和三十一年八月からはじめて四十一年三月、十年の歳月をかけてまとめあげた大冊、「水俣病――有機水銀中毒に関する研究――」の中に、変り果ててゆく少女の姿が散見的に、次のように観察記録されている。

第3章　水俣病の臨床

——略

第2節　小児の水俣病……（上野留夫）

——略

第2項　臨床症状

例2　杉原ゆり　女（No.4）

発病年齢　5年7ヵ月

発　病　昭和31年6月8日

漁業、姉も発病、本人もそれまではまったく健康

6月8日　流涎著明

6月15日　上肢、手指の運動不円滑

6月18日　手指震顫、歩行障碍

6月20日　発語不明瞭、新日窒工場付属病院入院

7月3日　歩行全く不能、頭部震顫出現

7月10日　視力障害
7月30日　発語不能
8月30日　当科入院、強直性麻痺、不眠狂燥状態、涕泣、視力全くなく、聴力、言語、意識障碍著明、寝返り、起立、歩行不能、嚥下《えんげ》障害（＋）、著明な腱反射亢進、足搐搦あり、屎尿《しにょう》失禁。

――略

第4節　その他の臨床症状

――略

第2項　精神症状　……　（立津政順）

後天性および先天性（胎児性）水俣病では、精神症状より神経症状の方が臨床像に占める比重のより大きい場合が多い。しかし、障害の高度の例では、知能を含めて全精神機能と運動機能とがともに高度かつ不可分の状態で障害されている。また、経過とともに神経症状が軽快、消失するにしたがって、代わって精神症状が病像の前景に出てくるということが多くみられるようになった。このような患者で社会復帰が考慮される場合、問題は精神症状にあるであろう。

水俣病においても、精神症状と神経症状は極めて密接な関係にある。たとえば、両者はその程度において平行するものがあり、経過において相互間に移行と入れ替わりの現象がみられ、両者のそれぞれの一定の症状どうしがとくに結びつき易いことがある。また、どこまでが精神症状で、どこからが神経症状であるかの区別の困難な現象も多い。以下は水俣病の主として精神像の記述である。ただし、ところによっては神経症状にも若干触れられてあり、さらに脳波所見も付け加えられてある。これは、まとまった全体的なものとして患者の人間像ならびに経過を叙述することが必要であったし、また精神症状と神経症状との関係が密であることなどによるものである。

第1　後天性水俣病

精神神経科教室では、第一回目の臨床的研究として、一九六一年五月から一九六二年八月の間に、水俣病患者の精神症状を井上孟文が、神経症状を高木が追究している。患者は、水俣市立病院入院中のもの15人、在宅のもの28人、男26人、女17人、計43人、年齢は7歳から75歳まで各年齢層に分布、発病後の経過年数は、1年2ヵ月から7年8ヵ月、6年のものがもっとも多く、平均4年6ヵ月であった(一九六一年12月31日現在)。第2回目の調査は、一九六四年12月から一九六六年2月にかけて、村山らによってなされた(この結果は未発表)、患者は、入院中のもの13人、在宅のもの31人、計44人、うち40人は第1回の時にも、4人は第2回目の時に新たに調査の対象となっている。発病後の経過は、平均7年7ヵ月である（一九六四年12月現在）。
後天性水俣病の臨床像を構成する主な症状は、知能障害、性格障害、神経症状である。一九六五年の44例についての調査によると、知能障害は42例に他の症状は全例に認められている。

個々の精神症状について
後天性水俣病では、全例に精神障害が認められる。これは、つぎのように大別される。

(1) 知能障害
(2) 性格障害
(3) てんかん性発作
(4) 精神的要因に関係の深い発作
(5) 巣症状

(1) 知能障害

1) 高度知能障害

この場合の患者では自発的動きがなく、自力では体位の変化も不能、言語や動作の簡単なものの理解も表現もできない、かろうじて「ひとーつ、ひとーつ」と検者の言葉を不明瞭にくり返すか、もしくはただ「あーあー」などと無意味の発声がみられる。顔貌は白痴様、表情は運動を欠くかないしは多幸症的で強迫笑いを浮かべる。開口反射、支持反射、部分的抵抗症などの原始反射と姿態の変形（第1図——略）も目立つ、失外套症状群に近似の状態である。

(2) 性格障害

情意機能が消失に近い状態

失外套症状群およびそれに近似の状態の患者にみられる情意障害である。顔、他の身体部位における精神的なものの表出や周囲からの刺激に対する反応がきわめて少なく、知能障害も神経症状も極めて重い。一九六六年の調査では3例、うち2例は77歳と78歳で死亡、他は一九六六年2月現在16歳である（第1図——略）。後者ではてんかん性発作、高度の脳波異常がみられる。

(3)　てんかん性発作

てんかん性発作は、一九六一年の調査では43例中3例、すなわち7%に認められている。しかし一九六六年2月現在は1例だけとなっている。後者は、高度の寡動状、拘縮を伴う姿態の著しい変形、原始反射、きわめて重い精神機能障害の例（第1図――略）。発作は「あー」という小さなうめき声ではじまり、全身ことに四肢、頭頂部が伸展位で強直し、被動的に曲げることはできなくなり、眼球は上方に回転、持続は8―10秒、発作の回数は、一九六一年には一日数回、一九六六年2月現在（16歳）はさらに頻回である。発作の間ケツ期にでも、指で睫毛《まつげ》にふれても眼瞼に反応的動きなく、痛刺激に対しても無反応。脳波所見として、発作性に出現する不規則棘徐波群《きょくじょはぐん》と低電位徐波群の基礎律動がみられる。

第六章　とんとん村

春

潮の満ち干とともに秋がすぎる、冬がすぎる、春がくる。

そのような春の夜の夢に、菜の花の首にもやえる小舟かな、などという句をものして目がさめると、うつつの海の朝凪が、靄《もや》の中から展《ひら》けてくるのだ。

そして「春一番！」という名の突風が一夜吹き荒れる。舟の碇《いかり》をひきちぎってゆくほどの風である。そのような風が来てしまえば、菜の花の朝凪とこもごもに、東風が吹き起こる。春の漁は不安定だ。だから、春は祭りや嫁取りの時期だ。ひとびとは忙しい。

水俣川川口の八幡様の舟津部落、丸島魚市場、二子島梅戸港、明神ガ鼻、恋路島、まてがた、月ノ浦、湯堂、茂道。磯ぞいの道をつないで歩けば海にむけて、前庭をひらいた家のどこかの縁に腰かけて、男たちが随時な小宴を張っている。理由は何でもいいのだ。雨憩《よけ》、風憩《よけ》、日中憩《よけ》、舟底を焼いたあとの憩《よけ》、その他片っぱしに思いついてだれやみ（疲れなおしの酒）を二、三杯やれさえすれば。通りかかったものは呼びこまれる。

——おる家《げ》の前を素通りする法があるか。挨拶に呑んでゆけ。

男たちは湯呑み茶碗をつきつけ、通行者が外来者で若くて焼酎にむせたりすれば目を細める。けろりと飲み干せばたちまち身内になれるのだ。そのような縁先に女房たちがいて、女客であれば、どっぷりとキザラや白砂糖を入れたシロップ様の番茶の馳走にあずかるのである。砂糖は家々にホクソに（ふんだんに）使うほどあり余っているわけでもない。子供たちが砂糖を盗みこぼしたりしているのをみつけると、女たちは大声をあげて追いかけまわす。

不知火海を漁師たちは〝わが庭〟と呼ぶ。だからここに、天草の石工の村に生まれて天草を出て、腕ききの石工になったものの、〝庭〟のへりに家を建て、家の縁側から釣り糸を垂れて、朝夕のだれやみ用の肴を採ることを一生の念願として、念願かなって明神ガ鼻の〝庭〟のへりに家を建て、朝夕縁先から釣り糸垂らしていて、初期発病患者となって死亡した男がいても、庭に有機水銀があるかぎり不思議ではなかった。

——兄貴が、

とそのことを村のひとりの青年がうれしげに話してくれたとき、わたくしはまだ水俣病のことであると気がつくはずもなかった。

——明神にようよう家建てたもんな。縁先から朝晩、魚の釣れるちゅうて喜んどるばい。巨《ふと》か泉水の中に限りなしに、魚は養うとるけん、だれでも連れて来《け》え、そげんいいよるけん、行こや、みんな、家ば見に、魚釣りに。

土方をしていた青年はそういった。「巨か泉水」とは不知火海のことをいったのだ。行こや行こや、焼酎二、三本下げて、とわたくしの小屋に集まっていた青年たちははしゃいだ。みんながまだ家を見にゆかないうちに、ひときわ色の黒い所を好かれていたその青年が、けげんな面持ちになってきていった。

――兄貴が、妙な病気になって。中風じゃろか、そげん年でもなかが、よだれを繰って、筋《すず》のつって。もう、その世話であねさんな夜の寝もされんとばい。

彼が来たので兄者のところへ行こうと勇み立っていた若者たちは、ふーん、主《ぬし》もそりゃ、心配じゃねえと、口々の見舞をのべたのである。明神ヶ鼻はそのときわたくしにはひどく遠い所におもえた。わたくしの住んでいる村の名を「とんとん村」というのである。そのような名前のつけ方は村の不思議であったが、調べてみればこの町の避病院やら、火葬場を抱えて発祥した部落の、はじめての兄弟の兄の方が火葬場の隠亡《おんぼう》であったり、弟の方がけものの皮をはいで太鼓をつくっていた場所があって、とんとんという単純でほがらかな村の名になったかと、青年たちが年寄りたちからきき出してきて話してくれていたから、わたくしたちは呑気に「赤トンボ」の唄などうたいあって、自衛隊へゆかねばならないという部落の二、三男が気を落さぬよう、心ばかりの別れなどして、送り出したりしていたのである。それは全国的規模で起こりつつあった歌声運動やサークル運動がこのような田舎町にも波及してくる前であったから、昭和二十九年の夏であった。板の間のわたくしの草屋には農業の技手《ぎしゅ》がいた。「会社ゆき」がいた。土方がいた。舟大工がいた……。そしてもはやとんとん村はこわれ去った。南九州農漁民の共同体がこわれ去ってゆく中で。

とある日わたくしは坂上ゆき女が同病の少年（いやもう青年だ）の、嫁さん探しをしているという話をきく。ああそれではまた春がきた。いい春にちがいないとわたくしはおもう。坂上ゆき女があの体で……！

しかし彼女なら、そのようなことはあたり前にやってのけるだろう。さぞかし、いそいそ、まめまめと少年の世話を焼くことであろう。同じ病いを十数年も、同じ病室で病みあってきたのだから。そのようなこともきっと〝祖《おや》さまの教え〟だと彼女は自分にいいきかせているにちがいない。この世への報恩だと。

それで春のわかめを、わたくしは宮本おしの小母さんから買うのである。おしの小母さんはこんなふうに売りにくる。

「あねさん、よかわかめじゃが買わんかな」

「わかめなあ、このわかめは水俣病の気のするばい」

「馬鹿いわんぞ。こげんよかわかめ、水俣じゃとれんとぞ。阿久根の先の東支那海から来たわかめぞ」

「ほう。（ウソウソ、会社の沖の恋路島の根つけから採って来たくせ）えらい遠かとこから来たわかめじゃなあ、よう育っとる」

「安かぞ。一わ五十円。二わで八十円。百円でつりやるばい。あと半分で豆腐買うてもつりのくるぞ」

　彼女のご亭主、宮本利蔵は三十九年二月に死んだ。川のこちらのとんとん村に、めっきり彼女が訪れなくなって久しい。私たちの部落にとっても利蔵やんの水俣病発病はショックだった。ダシジャコ売りの定期便のような、おしの小母さんの天秤棒をしならせた姿は、ここらの部落に溶けこんでいた。彼女のものいいは風格があり、要らないというと、

「要れ、永うもなか婆婆になんば辛棒するか猫にも食《か》せろ」

などという。部落の女たちは彼女とひとしきり口ゲンカをたのしみ、恩を着せ、「そんなら百匁ばっかり」という。彼女は、「そんなら猫の分は負けとくぞ」と腕におもりをつけてみせて、手の窪いっぱいのサービスをするのである。

「大丈夫じゃろかいねえ、会社の排水、まだ危なかごたるよ、熊大でまた出たばい水銀

が。小母さんこの魚、匂いのするよ、排水の匂い」

　とわたくしはいう。

「匂いのしてもよかたい。買え。おるばっかりふの悪うして後家《ごけ》になって。ひきあわん。あんた魚食うて、ちいっとしびれてみれ」

　彼女は、ウソウソ、おるが持ってくる物は東支那海つきの磯から来た物じゃ、買わんかい、という。むべなることかな、とおもいわたくしはわかめを買うのである。

　百間排水口の沖の恋路島の根つけに、またタレソ鰯やわかめが異常繁殖して、採り手が多いということはわたくしの部落の海好きたちに、すぐに伝わるのだ。水俣病わかめといえど春の味覚。そうおもいわたくしは味噌汁を作る。不思議なことがあらわれる。味噌が凝固して味噌とじワカメができあがったのだ。口に含むとその味噌が、ねちゃりと気持わるく歯ぐきにくっついてはなれない。わかめはきしきしとくっつきながら軋《きし》み音を立てる。

　——会社は晩になると臭か油のごたる物ば海に流すとばい。夜漁のほこ突きに出て、そいつが膚にくっつけば、ねちゃねちゃして皮がちょろりとむけるような気色のするとばい。

　漁民たちが奇病発生当時話しあっていた言葉を、わたくしはあんぐりとした口腔の中で思いだす。

——水銀微量定量法——ジチゾン法、発光スペクトル分析法、等々がわたくしの舌を灼《や》く。

おしの小母さんに少しは義理が立つか、とわたくしはおもったりする。

チッソの秘密実験について、富田八郎氏から便りとデータがとどく。

〈猫試験四百号〉のデータ。

わが故郷と「会社」の歴史

わたくしの年月はあきらかにすっぽりと〝脱落〟していた。山中九平は相変わらず野球をやっていた。

彼は上達！　して、野球のひとチームすべての役を一人でひきうけてやっていた。柴田の役も、王の役も長島の球をほうるときの手ぐせまで盲目の彼がやってのける。審判の役目まで。

相手のいない一人野球では、それは必要にして欠くべからざることであり、彼のそのような没入状態の細かいしぐさは、ことにスポーツに関して白痴であるわたくしには難解であり、いちいち、説明をきかねばわからなかった。九平少年は十八歳となり、面倒臭がりながら、野球についての初歩的知識を繰り返し手ほどきをしてくれるのだが、その次ゆくとき、わたくしはそれを忘れはてる。

潮の回路の中にあらわれるように、わたくしの日常の中に、死につつあるひとびとや死んでしまったひとびとが浮き沈みする。ひとの寝しずまっている夜中に、まるで、きゃあ、くさったはらわたを吐き出すような溜息を吐くな！　と家人たちがいう。自分が深い深いほら穴に閉じこもっていることをわたくしは感じ出す。

とある夏、髪のわけ目の中に一本の白髪をわたくしはみいだす。なるほど、まさしくこれは〝脱落〟した年月である！　そしてその年月の中に人びとの終わらない死が定着しはじめたのだな、とわたくしはおもう。わたくしはその白髪を抜かない。生まれつつある年月に対する想いがそうさせる。大切に、櫛《くし》目も入れない振りわけ髪のひさしにとっておく。わたくしの死者たちは、終わらない死へむけてどんどん老いてゆく。そして、木の葉とともに舞い落ちてくる。それは全部わたくしのものである。

わたくしの中の景色、わたくしの中の故郷の、それはしかしすべてではない。それはこういうふうにもはじまるのだ。小豆《あずき》色のうつくしい自動車が並んで近づく景色の中から。

昭和六年、熊本陸軍大演習。

大演習などということは、あのサーベルをがちゃつかせた巡査たちが、突然わたくしの家に来なければ知らなかったのだ。まだ、生まれて四年目だったから。

会社に、新日窒工場に、かしこくも天皇陛下さまがおいでなさるから、祖母を、（私たちは婆さまとよんでいた）会社の沖の恋路島に連れてゆく、というのである。不敬に当たるから舟に乗せて連れてゆく、いうことをきかなければ縛ってでも連れてゆく——。

女乞食の、ふところにいつも犬の子をむくむくと入れ歩いている、犬《いん》の子節ちゃんも、小田代《おたしろ》くゎんじん殿も、仏の六しゃんも、もうみんな舟に乗せて縛って連れて行ったという——。恋路島では泳ぎ渡らぬよう見張りをつけて「めしだけはお上のおなさけで、腹のへらぬごと食わせてやる」という——。

脳を病んでいた祖母がききわけるはずもなく、まして肉親に合点のゆくはずはなく、

「あやまちのあれば切腹しますけん」

と父が約束して、その日わが家では表戸に釘打ちして謹慎し、めくらの祖母はその日も無心に椿油の粕を煮立て、白い蓬髪《ほうはつ》を洗ってはまろいつげの櫛ですき流し、いつもしているように古びた白無垢《むく》を胸に抱いて、幾度も幾度も袖だたみしながら、やさしいしわぶきの声を立てていた。

「会社」の前の田んぼはこの日のために早々と刈りとられ、その湿田の上に藁を敷きむしろを敷き、人びとの土下座の中にはさまって、四つの子のわたくしは家を脱け出して、天皇陛下さまを拝みに行ったのである。田んぼの湿りに膝を濡らしながら、のびあがりのびあがりするうち、うつくしい小豆色の自動車が水俣駅の方から並んで来て、会社の中にはいってゆくのをわたくしはみた。わたくしの中にはじめてはいって来た「会社」とは土下

座しているひとびとの間を、お伽ばなしのような小豆色の自動車がはいってゆくそのようなものである。

しかしながらチッソ水俣工場の草創はさきにものべたごとく当然に古い。

明治末年、戸数二千五百、人口一万二千、村予算二万なにがしの水俣村。

新しく入ってきたキリスト教や、野球や、公娼廃止運動や、ハワイ国移民などについて村民有志は識見をのべあっていた。もともと三太郎峠と秘藩薩摩の間にあって〈後進熊本〉に帰属意識を持たず、前面の長崎、中国大陸にそう潮流によって育てられ南蛮や中国文明を直輸入していた村だと、くり返し識者たちの生き残りが物語りつづけていた。塩の専売制施行によって、廃絶のうきめをみる運命にあった塩田に見切りをつけはじめ、北薩摩の大口、牛尾の金山に動力用石炭を、四百台の馬車でがらがらと転送するわだちの音を夜昼きいていた村では、その大口に曽木電気を設立し、余剰電力をもってきて村にはじめて電灯をともし、カーバイドなるものを製造したちまち、ドイツに渡ってフランク・カローの工業的空中窒素固定法だの、ローマ渡りのカザレー法アンモニア合成技術だのをひっさげてやってくる、創立名日本窒素肥料株式会社社長野口遵《じゅん》という男は、よほどにこの村の有志たちの開明的情緒にかなったにちがいなかった。創立時の社名を略して、ここらあたりの近郷近在は、くまなくチッソ工場のことを「会社」とよぶのである。

「会社ゆき」とはその職工たちに奉られたよび名である。このよび名はしかし単純明快につけられたごとくして、やがて会社ゆきにもなりそこねる下層村民たちの心情を反映してあまりない。

「会社」創立当時、職工たちの賃金は一日二十五銭であった。水俣宗栄《そうえい》氏の日記によればこの頃の物価指数は、

明治三十九年
鯛百匁八銭、洋てのぐい（四すじ）四十八銭、畳一枚八十五銭、金張三枚蓋懐中時計四円八十銭、インバネス十円、玉露二百匁一斤（宇治からとりよせる）一円十銭、金絵吸物碗二十人前八円、ガ鳥ヒナ八羽一円六十銭、米一俵六円三十銭、下払男賃金一日日当三十銭、焼酎一本七十銭、兵隊泊まり民泊（演習）、特務曹長七銭、フツウの兵隊六銭

明治四十一年
米一俵五円九十銭、杉苗一本四厘五毛、ケンビ鏡七十二円付ぞく機械七円四十銭、冬服一着二十六円、車エビ二百匹三円、木炭一俵五十銭

明治四十二年
米一俵十二円五十銭、ジョンソン体温計二本三円七十銭、蚊屋（周防もの）十三円八

十銭

明治四十三年

カステラ一斤三十銭、大工賃六十五銭

明治四十四年

洋傘一本六円二十銭、塩一斤六銭五厘

明治四十五年

米一俵八円五十銭、ヒノキ苗一本四厘五毛

大正三年

硫酸アンモニア一俵六円七十銭

大正四年

粟一俵二円四十銭、金（一年）二十円貸して三円八十四銭、下肥くみとり十二荷（汲む方がヤル）二円四銭、小便十八荷九十銭

という工合であった。馬車引きの賃金は馬と二人分で（かいば料を入れる）八十銭。トビ職はこれに等しく、それから左官、石工、大工、人夫と下がり日窒職工の賃金は人夫並みであったから、ついこの間まで、百姓土方で地下足袋というものを買った者がいるという噂に、足が濡れず藪《やぶ》クラを歩いてもトゲもささらぬそうじゃ、と首を振りあい嘆声をあ

げていた村民たちには、会社ゆきたちのはいてゆく靴の音は（はじめわらじばき、冬などドテラ姿であったが）よほどに気になったらしく、

——ほらほら、会社ゆきどん（共）が、きょうもクウズクワズ、クウズクワズ（食うず食わず）ちゅうて、靴の音立ててゆきよるがね。会社くゎんじん、道官員《みちがんえん》（会社の中では乞食姿、帰りの道では官員さんのような洋服着て）——と批評したのである。このように水俣村とチッソとのなれそめのそもそもを語ろうとすればどこやらうらうらとして民話じみてくる。そう考えようとして、あの湖南里《こなんり》の、朝鮮咸鏡《かんきょう》南道咸興《かんこう》郡雲田面湖南里の村をおもうだ。湖南里の村のことはもはや民話などといっては済まされぬ。

ここに一葉の写真がある。日本窒素肥料事業大観と銘うたれた昭和十二年創立三十年記念刊行の部厚い社史である。

朝鮮窒素肥料株式会社、昭和二年五月二日資本金一千万円をもって朝鮮咸鏡南道咸興郡雲田面湖南里一番地に設立。大正十五年末に撮影された湖南里の渺々《びょうびょう》とまろやかな漁村集落。ここにはどのような生活と日常と、そして村とがあったのであろうか。

——当社もまた無窮の国運に恵まれて異数な発展をつづけてここに三十の齢を重ね——「無窮の国運と当社の異数の発展」のもととなった湖南里の村の、住人たちはどこへ行ったのであろうか。ページをひらくだにおそろしい朴慶植著「朝鮮人強制連行の記録」と重

なって湖南里の海浜がはてしもなくひろがってゆく。その一葉の右肩にあるもう一葉の写真とその説明。

——下は興南工場用地買収の写真であるが、買収は警察官の立合いの下に行なわれた——

裾長に冬の民族服を着た村老たちの間に立ちまじる日本警察官の姿。その土地買収になぜ日本警察官が立ちあったのであるか。

——当時の工場敷地は鮮人家屋二、三十戸存するのみの一寒村で宿るに家なく飲むに水なしという不便な土地であった。道路の設置鉄道線路の敷設等から工事は始められたがいずれも非常な苦心が払われた。また人情風俗を異にする鮮人の土地買収等にも随分面倒があったのである——

「人情風俗を異にする鮮人の土地買収」には「随分面倒」があったから「警察官の立合いの下に行なわれた」とはどのようなことであろうか。社史はいう。

当社が創立以来閲《けみ》し来った三十年の歳月は一言にして之を謂《い》えば拡張と発展の歴史である。……当社は鹿児島県下の一山村に二十万円の資本金を持つ曽木電気株式会社として創立せられたのであったが、当時青雲の志に充ちた青年技師野口、市川両氏等は其の

——ご存知です。

——つまりキミは荒木氏からみれば、熊本では何番目くらいの文士かね？

——さあ？　はあ、文士だなんて、ぜんぜん、その……。

そしてあっさり断わられる。荒木精之とは熊本文壇の族長的な存在である。つづけて熊本日日新聞社長に手紙を出す。いんぎんていねいな返事がきて断わられる。熊本気の毒がった記者氏に教えられて、熊飽（熊本市飽託郡）教組教育祭に申し入れる。熊本市鶴屋デパートで展いてくれることになる。熊本の新文化集団が手伝ってくれてやっと開催する。しかし半日くりあげてたちまちおろされる……。

小冊子「現代の記録」を出す。あの蓬《よもぎ》氏たちと。水俣はじまっていらいのチッソの長期ストライキ、その記録である。天草のおじいさんからきいた西南役と水俣病の話を入れる。続刊したかったが雑誌づくりというものは、えらく金のかかることを知り、一冊きりで大借金をかかえる。「水俣病」は宙に迷う。わが魂の、ゆく先のわからぬおなごじゃと、わたくしは自分のことをおもう。

すこしもこなれない日本資本主義とやらをなんとなくのみくだす。わが下層細民たちの、心の底にある唄をのみくだす。それから、故郷を。

それらはごつごつ咽喉にひっかかる。それから、足尾鉱毒事件について調べだす。谷中村農民のひとり、ひとりの最期について思いをめぐらせる。それらをいっしょくたにして更に丸ごとのみこみ、それから……。

茫々として、わたくし自身が年月と化す。

突如としてわたくしははじめて脱け出す。日本列島のよくみえるところへ。

しかしよく見えるはずはなかった。そこはさらに混迷の重なりあう東京だったから。〝森の家〟という森にいたのだ。女性史を樹立した高群逸枝さんの森の家に。

そして四国へ、細川夫妻のふところへ。そこからまたもや東京の、若い技術史研究者たちに逢いにゆく。すでに簇生《ぞくせい》しつつある産業公害の発生の機序、とはなにか。

バクテリアに泥や酸素など食べさせて養っている、富田八郎氏の研究室へゆく。有機水銀などの重金属でもなんでも食べて処理してしまうかもしれないという、原始的微生物たちの大群はしかし、わたくしの視界の顕微鏡の中に、一匹あらわれたり、あらわれなかったりする。

君よ、われわれの列島を蚕食してしまわねば、もう河川や海の自浄運動をとりかえせといっているひまはない、とわたくしは一匹の輪虫にむけて問う。

それから一九六二年、ロンドンで開かれた国際水質汚濁研究会議の有様をきく。宇井純氏に。

清浦雷作氏とイギリス・エクゼター州公衆衛生研究所ムーア氏の国際論争の、そのムーア論文の訳文を見せてもらったりする。第三回ミュンヘン国際会議について——。

そのようなことどもをおぼろげにきいて帰る。わたくしの抽象世界であるところの水俣へ、とんとん村へ。抽象の極点である主婦の座へ。ここはミクロの世界であるなどとおもい、首をかしげてぼうとして坐る。

第二水俣病が、新潟阿賀野川のほとりに出る。

ふかい、亀裂のような通路が、びちっと音をたてて、日本列島を縦に走ってひらけた。なんと重層的な歳月に、わたくしたちはつながれていることであろう。

わたくしの青年小屋に集まってきていたかつての青年たち、いまやそれぞれ生活苦を匂わせて焼酎などを呑み、工場誘致条例やゴミ処理問題とにらめっこしている中年男たちに再度呼びかける。患者集中部落に同行を強要しつづけてきた〝官員氏〟たちに。チッソ第一組合員に。安保のころ干《ひ》菓子などをもって坐りこみ漁民を見舞いにいったりしたサークルの仲間たちに。「現代の記録」の仲間たちに。日吉フミコ議員に。議員歳費を入院患者たちに送りつづけているその志にむけて。

亀裂の通路を走って、新潟に飛んだ富田八郎氏と宇井純氏からの情報がとどく。

そして昭和四十三年がくる。

第七章　昭和四十三年

水俣病対策市民会議

一月十二日夜、水俣病対策市民会議発足。出席者三十名。

発足会決定事項

目的

1、政府に水俣病の原因を確認させるとともに第三、第四の水俣病の発生を防止させるための運動を行う。

2、患者家族の救済措置を要求するとともに被害者を物心両面から支援する。

会則

1、会費は月三十円とし、必要に応じて寄附を募り活動の費用にあてる。

2、会則の改廃その他、会の運営については幹事会で民主的に決める。

会長　日吉フミコ　事務局長は、工場誘致条例やゴミ処理問題で橋本市政に食ってかかっていたりしていて、「現代の記録」をいっしょに出した市役所職員、松本勉。

前途の困難だけが決定した。

わたくしはわたくしの年月をぶった切る。その切り口につながねばならぬ。

今年はすべてのことが顕在化する。われわれの、うすい日常の足元にある亀裂が、もっとぱっくり口をひらく。そこに降りてゆかねばならない。われわれの中のすでに不毛な諸関係の諸様相が根こそぎにあばき出される。われわれ自身の、裸になった、千切れた中枢神経が、そのようなクレバスの中でヒリヒリとして泳ぎ出す。

社会的な自他の存在の〝脱落〟、自分の倫理の〝消失〟、加速度的年月の〝荒廃〟の中に晒《さら》される。それらを、つないでみねばならない――。

こんどこそ、一部始終が見とどけられるだろう。目くらで、唖《おし》で、つんぼの子が創った目の穴と、鼻の穴と、口の穴のあいている人形《ひとがた》のような、人間群のさまざまが――。それらの土偶の鋳型を、わたくしはだまってつくればよい。

互助会の間のパイプはまだ脈うっていた。ことに前会長山本亦由《またよし》氏を中枢にして、このひとは、前互助会長というよりは古い浦々の肝入《きもい》り役、世話役、こわれかけた共同体の族長だった。冠婚葬祭のこと、舟の売買のこと、わかめの育ちぐあいのこと、小さなもめごとの仲裁、よろず身上相談が、できあがった国道三号線のトラックの地響きにゆれる家に持ちこまれる。彼は漁協の幹事でもある。その山本氏に手紙を書く。

「――市民会議は若いものたちばかりです。世間の苦労も、まして、水俣病の苦労は、なにひとつ知りません、なにをやりだしますことか、いろいろご相談せねばなりません。どうかくれぐれもご指導をいただき、お見守り下さい。」

市民会議発足の夜はなんとも重苦しかった。なにしろはじめて患者互助会と対面したものが大半だったから。水俣病公式発生以来十四年、ながく明けない初発の時期がここにまだ持ちこまれていた。それはこの地域社会で水俣病が完璧なタブーに育てあげられた年月である。どのようにタブーであったのか。

「うち、いややなあ。

お前どこから来たんかて、もうどこに行ってもきかれるんで。うちは水俣のもんじゃがとはよういいきらん。

ふうん、水俣いうたらきいたことあるで。

そやそや、いつかテレビで出よった水俣病いう病気のあるとこか。まだ何かテレビに出よったなあ、それそれ、ストライキや。

警察とやりよったわい。ストライキかける方はフク面なんかしよって、えらいあそこのお前んとこは、ガラの悪いところやの。お前あそこの水俣か、けったいな所から来たもんやの。そういうて水俣いえばクズみたいな、何か特別きたない者らの寄ってるところみたいに思われてるんや。よそに出たら水俣は有名やで。

水俣病いうたらできもんができて、うつるんやて、あざみたいに。そんなふうにうちらのいる部落のひとたちはいうんや。工場で、あのひと水俣病持っとるんやと、寄らずに、後から指さして、うちのそばにはだれもこんと、恐ろしいようなものを見るように、離れてるんやで。うちトサカに来て、その女の子らブンナグッテあたまの毛引っこぬいてやって、変わったんや、そこ。

今いるとこは部落いうとこや。ほンで、そこではどこから出てきた者かわからんふうにしとると、ふうん、お前そないに隠さんかてえやないか。ええ、ええ、俺たちかてよそに出稼ぎにゆくときは、部落じゃとは口拭うていわんことにしよる。ここに来てからは隠さんかてええわい。日本全国に部落はあるんじゃから、俺たちがみればわかるんや、身内や、いうて。

部落いうのは何や？

そのまた隣の町の人らがいうて聞かすには、仏さんやタンスの向きやら、普通の家と違うようにおいてあるんやそうやね？　ほンで部落とちがう所には、嫁にやったりもろたりせんのやて。ほンでそのおっさんらが、お前せっかくここの部落に縁あって来たんやから、ええ若い者に世話したるで、一生けんめい働きいな、ええ嫁はんになるでちゅうて。お前水俣の部落やろと、その部落じゅうできめてしもて、ほンで面倒臭いし、そうやジツいうと部落や、というてしもたら可愛がってくれるワ。お祭や田植えなんかに招《よ》ばれてゆくんで。

ジツはうちの父ちゃん水俣病とは、死んでもいうまいおもうとる。いやもうそこをでて、うちらの故郷水俣やいうたら、行くとこのうなるワァ。」

中条ヒロコの父親は縁先や土間でいつもアバを作りつづけていた。アバとは網の縁につける桐の木のウキである。不揃いの、形をなさぬうず高いアバの山。

「見てみてくださいまっせ、このひとば。おろ良か頭になってしもて。漁業組合長までしたひとが。耳もきこえんごとなったし、演説までしよったひとがひとくちもきけんごとなってしもうたし、あぎゃんして、毎日作りよります。いつまで作れば終わりますことじゃろ。

ありゃきっと、死んでから先まで作る気ですばい。気持ちだけは海にゆきよる気持ちでっしょ。ありゃもうほんに、賽《さい》の河原の石積みじゃ。うち家《げ》の父ちゃんな、赤子になってしもた」

妻女は、赤子をあやすような遠くかなしげな目つきで、夫を見やりながら、いう。形のならぬアバをふるえる手にかざし、それをまたぽっとり落っことすとき、元漁業組合長は女房をみあげ、どこやらあどけなく困ったようにわらう。そのうずたかいただの木片の山はしかし、元漁業組合長がつくる刻苦の作である。彼が神経を集中すればするほど、小きざみな痙攣が大きな痙攣になり、小刀も材料の木片も他愛なげに地に落ちる。まるで遊びのように彼は指を刻み、指がアバになる。血が出ても、痛みはない。末梢神経はやられていつも痺れているのだったから。切傷だらけの指に唾ぐらい吹きかけておいて、彼は勘定をしはじめる。あと千本ぞ——。

彼は最初熊本市郊外の精神病院に入れられていた。あばれて手に負えなかったから。同じように入れられていた三人のうちの一人が死ぬと帰りたがった。以来どこの病院にもゆきたがらない。病院にゆけば死ぬと思っているのである。精神病院にいた残りの一人は四十年二月に死んだ。さきに記した荒木辰夫である。

ヒロコは中学を出て奈良、兵庫、愛知あたりの従業員七、八人から十二、三人ぐらいの織布工場を転々としたあげく、偶然にはいりこめた部落での生活の物珍しさや、そのような所ではじめて得ることのできたかりそめの心の安らぎらしきものを、水俣アクセントの関西弁で、折々報告に来ていたが、音信不通になった。たぶん「ええ嫁はん」になっているのであろうか。

父親はもうアバをつくらない。ひかりさざめくような波になる夏がくると、家の下の磯へ下りてゆくのである。大きく揺れる失調性の体に、少女の花絵のような手籠をぶらさげ、海青ノリに足をとられながら、巻貝のビナを拾いに。そのような姿をして両腕をひろげ、巨きな動く影絵のように、手の先にひっかけた籠をふりふり、彼は、あのまぶしい光を発してくる海の中を、いや、海が発する光の中を、泳いでいるのだった。渚のぬめぬめと濡れた岩につまずき、ぶつかり、びしょ濡れになり、彼の着ている形ばかりの服は、そのようにして、いつもひき裂け、垂れ下がる。あの、渚に打ちあげられている海草のように。そのような磯の匂いの立ちこめる渚で彼に逢うと、乾いてゆくさまざまの海草や浮游物の中から、あの嬰児にもどったような無垢な笑顔が、いつまでも振りむくのだった。

「なあ、わたしたちはいまから先は、どけ（どこに）往けばよかじゃろかい」

「こんどは火葬場たい」

「うんにゃ、その前に人間料理《こさえ》るまないたの上ばい」

「うんにゃ、その前に精神病院ゆきよ」

「一番はじめに火葬場の手前の避病院ゆきじゃったろ、それから熊大の学用患者じゃったろ、それから奇病病棟ゆきじゃったろ」

「それから湯の児（水俣郊外の湯治場）のリハビリに」

「いつもいつも見物されよったよ。あれが奇病じゃちゅうて。なしてリハビリば退院するかちゅうたちゃ、なって見んとわからんばい、水俣病に」

「ほかの身体障害で入った者が、見舞人に水俣病と間違えられるときはおかしかったない。名誉傷つけられるちゅうて、水俣病の部屋とはなるべく離れておらんば迷惑じゃと、見舞人の来れば、こっちよこっちちゅうて、そっちの方は水俣病の衆じゃと、自分たちはさも上等の病気で、水俣病は下段の病気のごといいよらす」

「そんならわたしどんが名誉はどげんなさるや」

「名誉のなんのあるもんけ、奇病になったもんに」

「名誉ばい！　うちたちは。奇病になったがなにより名誉じゃが！」

「タダ飯、タダ医者、タダベッド、安気《あんき》じゃねえ、あんたたちは。今どきの娑婆では天下さまじゃと、面とむかっていう人のおる」

「そりゃあいう方の安気じゃ。何が今どきの娑婆じゃろか。二度と戻ってくる娑婆かいな」

「水俣病がそのようにまで羨しかかいなぁあんたたちは。今すぐ替わってよ。すぐなるばい、会社の廃液で。百トンあるちゅうよ、茶ワンで呑みやんすぐならるるよ。汲んできてやろか、会社から。替わってよ、すぐ。うちはそげんいうぞ。なれなれみんな、水俣病に」

「おとろしかこついいなんな、うちはたとえ仇にでもこの病《びょう》ばかりには、かからせとうはなか」

きれぎれに、患者たちはそのようにいう。

発足式の夜招かれて出席した中津美芳《みよし》会長はその挨拶にいった。

「――十年前、せめて十年前、このような市民の方々の組織をつくっていてくださったなら、わしら、こんな苦労は……オソカッタ……」

出席者たちはただの一言もあろう筈もなくさしうつむくほかはない。

「あんたも水俣病を病んどるかな？　どのくらい病んどるな？　こげんきつか病気はなかばい。まぁだ他に、世界でいちばん重か病気の他にもあると思うかな。その病《びょう》、病《や》んでおらぬなら、水俣病ばいうまいぞ」

坂上ゆき女はそのようにいう。

市民会議発足前後から彼女は錯乱状態におちいっていた。あるともおもえぬうつくしい夫婦《みょうと》にみえていたが、茂平やんが彼女を棄て、自分の荷物をも棄て、すたすたと夜になってから、リハビリ病院を出ていってしまったのである。

「あのような病人ばうっちょいて、ソラちっと、むごうはなかろうか茂平やん。まいっぺん思いなおして戻ってやる気はなかかいな。さきざき永か命とも思えんが、ゆき女も悪かったちゅうとるが」

山本氏は何べんも病院に彼女を看病にゆき、茂平やんの家を往復して頼みこんだ。

「先のなか命ちゅうことは知れとります。それまでしかし、わしのほうがもう保《も》てん。互いに添うには二年足らず。あとは男の方が尽くすばっかり。ゆき女はわしに財布も渡さんちゅうたばい。それではわしの男が立たんとじゃあるまいか。わしの方はどげんなると思うかな。子供たちもこの先、あのような病人についとれば、お父っつぁんの先がなか、戻ってこいとすすむるし」

かねて口数の少ない彼があんまりきっぱりいってのけたので、山本氏は「ダメじゃ」と思った。山本氏の妻女は「やっぱり後添いじゃ情の移りきらんじゃろかいねえ、夫婦でも親子でも」と嘆息する。

「あんたほどの看病人は居らんじゃったて」

溜息まじりに山本氏がいうと茂平やんは、

「はい、つとめるだけはつとめました。もうつとめも終ったろ。わしの方が長うにつとめたで。二度とゆきがところに戻る気はありまっせん。水俣病ばわしにかぶせるごとなってしもてから。あんたんとこに嫁ごになってきさえせんば、こういう病気にゃならじゃったちゅう。わしゃ、水俣病をうちかぶることはできまっせん。会社もかぶらんものを。よろしゅうたのみます」

そういったのである。

水俣の、あんたんとこに、嫁入りして来さえせんば、月のものまで、あんたにしまつさせるよな、こういう体にゃならだった。天草に、もどしてもらお、もとのからぁだに、して、もどせえ。

そういってゆき女は壁をたたく。自分の胸をたたく。

あれはにせ気ちがいじゃと、ねむられぬ病棟の者たちがいう。

ゆき女は歩く。

そこから放れようとして歩き出す。それはあの、踊り、である。

生まれた、ときから、気ちがい、で、ございました。

そうつぶやく。そしてばったりひっくりかえる。
ここは、奈落の底でござすばい、
墜ちてきてみろ、みんな。
墜ちてきるみゃ。
ひとりなりととんでみろ、ここまではとびきるみゃ。
ふん、正気どもが。
ペッと彼女は唾を吐く、天上へむけて。
なんとここはわたしひとりの奈落世界じゃ。
ああ、いまわたしは墜ちよるとばい、助けてくれい、だれか。
つかまるものはなんもなか。
そして一週間も十日もごはんを食べぬ。ふろにも入らぬ。
ひょっとして、茂平が帰ってきはせぬか、
そんとき、わたしはやせて弱って、息も絶え絶えに、なっていたほうがよか、
いやそのまんま死んだ方がよか。
ひとさじあのひとに、おもゆをすすらせてもらえば。
あんた、すまんかった、なが なが看病してもろて……。

すまんばってんうちはいまがいちばんしあわせじゃ、うちが死んだら、こんどは、達者なうつくしか嫁女ばもらいなっせ、草葉のかげで祈っとるけん……

いまに戻ってくるかと食べもせずに待っとるのに、あのひとは本気で往ってしもたとやろか、まさか。

も、へ、いーっ、
もへいーっ、ふろにいれてくれい。

ふろにいれてくれい。

だめじゃだめじゃ看護婦さんとは入らん、あの人がいれてくれるとじゃけん。

おそかねえ、なして、帰らんとやろか。


時間が彼女を更にそこから墜落させる。彼女は着地できぬ。墜ちながら、逆さになった声でいう。

——みい、とぉ、れぇ、

みい、とぉ、れぇー
みておれ、おぼえておれ
と。

熊大徳臣晴比古《とくおみはるひこ》教授の水俣病症状の分類（34例の観察）によると「慢性刺激型」というのがある。「急性劇症型」は悉《ことごと》く死亡し、慢性刺激型は重症3例、中等症2例で廃人に等しく、……「入院時所見……体格栄養中等度、顔貌は無欲状、時に強迫失笑。強迫涕泣あり絶えずchorea（舞踏病）様、athetosis様運動を繰り返し……言語はまったく理解出来ない。脈搏83、心、肺、腹部に著変を認めない。項部強直、ケルニッヒ症状、眼瞼下垂なく眼球運動正常、瞳孔円形左右同大、対光反射稍々遅鈍、眼底に異常を認めない。視野測定不能（後に視野狭窄が証明された）、筋強剛転度、腱反射すべて亢進していたが病的反射はなかった。歩行はようやく可能であるが著しく動揺性、失調性であった。知覚をはじめとする指々試験（指と指をつきあわせるテスト）、指鼻試験等は患者の協力が得られず不可能。
経過……入院後諸症状は悪化、9月4日（31年）に意識混濁し、chorea様運動激しく後弓反張を示すに至る。プレドニゾロン投与により3日後意識恢復、数日後歩行可能となる。11月に入り諸症状は改善したが、企図振戦（何かをしようとするとふるえる）、失調症状は極めて著明。翌年5月突然全身の痙攣発作を起し、以後些細な精神興奮を誘因として強直性、間代性（間をおいて起きる）の痙攣発作を繰り返す。

本例のごとく最初普通型の症状を具備しているが、あるものは精神興奮はなはだしくなり、あるものは痙性歩行、腱反射亢進、病的反射出現など錐体路症状が著明であり、あるものは錐体路症状と頻発する痙攣発作などの刺激症状を主症状とし、その症状は起伏を伴いながら漸次悪化するものを慢性刺激型とした」

自分のゆき女、自分のゆり、自分の杢太郎、自分のじいさまをかたわらにおき、ひとりの〈黒子〉になって、市民会議の発足にわたくしはたずさわる。

「佐藤は……人命尊重を口にし、福祉社会の建設をうたいながら……今日新潟において第二の水俣病をひきおこしたことは……ひとえに第一の水俣病を放置した政府の――」

たとえばこのような挨拶を、労組幹部調演説、などと思ってはならぬ。

中津美芳氏の眼窩《がんか》はことにこの夜落ちくぼみ、そのような挨拶を絶句しがちにのべたが、水俣という地域社会において水俣病がタブーであるかぎり、その表現は一種の仮託法をとるのである。氏はなにひとつ、その暗い眼窩の奥や咽喉もとにおし溢れているであろう積年の恨みも、想いも、のべることはできないのだ。そのような、患者互助会員たちの、語り出されない想いをほんのかすかにでも心に宿しえたとき市民会議は何ができるのであろうか。市民会議だなんて、対策、だなんて。原理的、恒久的、入魂の集団のイメージを、まるで欠落しているではないか……しかし、出発した。もっとも重い冬。

いのちの契約書

大寒の夜、わたくしは西日本新聞に書く。

「まぼろしの村民権――恥ずべき水俣病の契約書」と題して。

昭和四十三年一月十二日夜、水俣病対策市民会議が水俣病患者互助会の歴代会長を招いて発足した。

信じがたいことだが、水俣市民の組織と水俣病患者互助会とのそれは、初めての顔合わせだった。水俣病の公式発生は昭和二十八年末とされているから、この間の年月は十四年間である。ながい初発の時期がそこにあった。

初代患者互助会長渡辺栄蔵氏は七十歳、現会長中津美芳氏は六十一歳、渡辺氏は昭和三十四年十一月二日、不知火海沿岸漁民の一大暴動を招いた日、初めて水俣を訪れた国会議員団様方に同漁民団よりもさらに孤立した患者互助会の会長として陳情をした人である。当時、氏の頭は半白であったが、まったくの白髪となり、その沈痛な面はいちだんと細長くなった。

市民会議は渡辺、中津両氏の額の皺の奥に刻まれている水俣病患者家族八十九世帯の苦悩に初めて対座し、これを身内のこととして、にないあってゆく、という意味のことをこもごも発言したのである。列席者はおおむね、その職を通じて患者家族にかかわってきた市役所吏員、女ひとり男ひとりの市会議員、医師、教師、ケースワーカーたちであったが、なかんずくチッソ労働者たちの、終始うつむきがちにして議事決定のたびごとにほおを紅潮させ、賛意を表している心情は、とくに市民会議が持っている水俣病事件に対する原罪意識をもっとも、よくあらわしていた。

水俣病患者およびその家族は、この十四年間、まったく孤立し放置されている。熊本大学医学部の研究によって、原因は新日本窒素肥料工場からの排水に含まれるメチル水銀化合物であり、その本体はアルキール水銀基であることが、疫学、臨床、病理、動物実験、水俣湾周辺の動物、魚介類、海底泥土中の水銀量証明など、あますところなく学問的に証明されている。

その責任は、学問的証明があるにもかかわらず、これを政治的に認めようとせぬ当該企業、地方自治体、日本国政府にあることはいうまでもない。

ここにまことに天地に恥ずべき一枚の古典的契約書がある。新日本窒素水俣工場と水俣病患者互助会とが昭和三十四年十二月末に取りかわした〝見舞金〟契約書である。要約すれば、水俣病患者の

子供のいのち年間　三万円
大人のいのち年間　十万円
死者のいのち　三十万円
葬祭料　二万円

物価上がり三十九年四月いのちのねだん少しあがり、

子供のいのち年間　五万円
その子はたちになれば　八万円
二十五になれば　十万円
重症の大人になれば　十一万五千円

『乙（患者互助会）は将来、水俣病が甲（工場）の工場排水に起因することがわかっても、新たな補償要求は一切行わないものとする』

これは日本国昭和三十年代の人権思想が背中に貼って歩いているねだんでもあるのである。

このような推移の中でチッソ工場は縮小、合理化を進め、わが水俣市は工場誘致をうたいあげ、水俣病事件は市民のあいだにいよいよタブーとなりつつある。

水俣病をいえば工場がつぶれ、工場がつぶれれば、水俣市は消失するというのだ。市民というより明治末期水俣村の村民意識、新興の工場をわがふところの中で、はぐくみ育てて来たという、草深い共同体のまぼろし。

市民会議がこのタブーを返上することは、かつて持ち得たことのない村民権、住民権、市民権を自らの手で持とうとするにある。なぜ村民権というか。

『足尾銅山鉱毒加害の儀に付質問書』が田中正造によって第二回帝国議会に提出されたのは明治二十四年十二月であり、渡良瀬《わたらせ》川のほとりの谷中《やなか》村が鉱毒と明治政府によって強制破壊されてから七十年、時の政府を最後まで信頼していた谷中村村民の村民権はいまだに復権せず、鉱毒事件そのものも、政治による究明はなされていない。

水俣病事件もイタイイタイ病も、谷中村滅亡後の七十年を深い潜在期間として現われるのである。新潟水俣病も含めて、これら産業公害が辺境の村落を頂点として発生したことは、わが資本主義近代産業が、体質的に下層階級侮蔑と共同体破壊を深化させてきたことをさし示す。その集約的表現である水俣病の症状をわれわれは直視しなければならない。人びとのいのちが成仏《じょうぶつ》すべくもない値段をつけられていることを考えねばならない。

死者たちの魂の遺産を唯一の遺産として、ビタ一文ない水俣病対策市民会議は発足した。

しかしこの国の棄民政策に対して、水俣病対策とは、なんと弱々しくうかつな類型的名称であるか。

そうでなくとも、水俣病患者は最小の村という単位での月ノ浦部落、出月部落、茂道部落などでさえ孤立して、村民権すら失いつつある現状である……。

水俣病対策市民会議、会長日吉フミコ。

——わたしはね、自分が正しい、とおもえば、まっすぐに、前後もヨコも見えずに、まっすぐにしか、ゆけないのよ。

谷の上の一本橋を行進曲で渡るように、たしかに彼女はまっすぐにゆく。純情正義主義、とわたくしは彼女への尊称を奉る。彼女は小学校女教頭あがりの女性社会党議員である。日吉党、ともわたくしたちは呼ぶ。そのような意味で彼女はひとりだ。思わぬ晩年が、茨《いばら》の道が、彼女の前にひらけたことになる。いやしかし、彼女の愛嬢のひとりはいうのだ。

「お母さんは、いつもいつも損することばかりやるんです。ちょっと外れているんです。でも特殊才能がありましてネ。大そうじのときいちばん汚い所、ひとのやれないところ、ドブさらえとか、鼠の死骸を片づけるとか、そんなとき、ひとりではりきってやるんです！」

フミコ先生の隣の愛嬢一家の家計は、こうしてたちまち市民会議事務局にまきこまれてしまった。

彼女の活動は瞠目ものだった。いつでも先頭に立った。右の肘をかかえるようにしていつも撫でさすっている。神経痛が痛むのである。五十三歳で孫が七人いるのだから若いといえば若く、わたくしたちはいつもはらはらしていた。

一月十八日、日吉会長、患者互助会とともに園田厚生大臣に松橋《まつばせ》療護園で飛び入り面会陳情。松本勉事務局長、新潟水俣病弁護士坂東克彦氏と連絡をとり始む。宇井氏の来信しきりなり。

一月二十一日、新潟水俣病関係者たちをむかえる。粉雪まじりの寒い日であった。

この日チッソ第一組合宣伝カー不知火号が、市民会議約五十人、患者互助会約五十人とともに一行を出向え、両水俣病患者重症者を乗せてデモの先頭に加わった。

ところどころに凹み傷やハゲ傷のある、どこやらきょとんとした不知火号が、この日、水俣病患者互助会とともに、新潟水俣病被災者たちを駅前広場に出迎えたことは、チッソ第一組合のひかえめな意志表示をあらわしていた。不知火号がそのようにして、ずんぐりした図体でかしこまっている場所は、十年前、患者互助会が寒風に晒《さら》されて坐りこんでいた工場正門前広場であり、そのとき、割れない前のチッソ労組が、坐りこみ漁民たちにいったん貸していたテントを、とりあげた場所でもあった。小型の〝三池〟といわれた三十七、八年の安定賃金争議のときチッソ労組は分裂し、割れて出た新労の方は、ぴかぴか大型黒塗りの新車で市中を走りまわり、旧来の不知火号は三池オルグをのせて、それぞれ「市民の皆様のご協力」を訴えまわったので、「こちらは不知火号でございます」とスピーカーを流しながらゆけば、市民たちは、ああ、旧労か、とおもうのであった。そのような不知火号がこの日駅前広場に出てきて患者たちをのせ、一行を先導したことは、市民会議の申し入れとはいえ、感慨ぶかい眺めであったのである。新潟関係、被災者六名（近喜代《ちかきよ》一《いち》会長、橋本副会長、桑野四郎、古山千恵子、およびその両親）、弁護団、映画撮影隊（記録映画新潟水俣病制作班）、宇井純、新潟県民主団体水俣病対策会議代表。

「はやぶさ」を降り立った一行は水俣駅前、つまり十年前不知火海沿岸漁民が集結、大暴動となったその広場に整列、互いに胸せまる短い挨拶をかわしあい、不知火号の女声アナウンスを流しながら、やはりあの大漁民デモの道路を行進しはじめる。

日曜日の市中は静まり返り、約百人そこその人数で、先頭の、ぎくしゃくとした患者たちの足並みに合わせて、歩いてゆく異形の集団に息を呑んでいた。十四年間のタブーの、それはゆっくりとした顕在化の一瞬であった。無言でひきつっている水俣市をわたくしは感じた。

この道を、昭和三十年代に代ってから幾多のデモが通った。沖縄返還大行進、原水禁大行進、警職法反対デモ、安保デモ、水俣漁協デモ、水俣鮮魚小売組合のデモ、水俣病患者互助会のもっとも寂しげなデモ、不知火海沿岸大漁民団デモ、それから安定賃金反対争議、第一組合、第二組合のデモ、農民組合、その中にあらわれる黒い染色体のような機動隊の姿……。

最後尾にくっついて歩きながらわたくしは、虫追いや、遠い天明の雨乞いの祭文や、ドラや鐘の音を想い出していた。どんどん、かかかん、どん、どん、かかかんとドラとカネの音が降りてくる。それは権現様の森の上や矢筈山のとっぺんや、妄霊嶽の方からも聞えてくるのだった。ハラッハラッと汗のしずくをふりこぼしながら、豆絞りの鉢巻を向うにしめあげた男たちが、足をけあげてまわりながら、ドラをかかえてやってくる。いくつもいくつも列をつくりながら。村中の子どもという子どもたちが、いくつもの川のような列についてくる。どん、どん、と六人抱えのドラが打ちこまれると、くるくるまわりながら、鐘打ちがドラを誘導しておどりながら、カンカンと鳴らす。なかでも「おもや鐘」という女性名を持った鐘がいちばんいい音《ね》の色を出す、そのような行列である。
竜神、竜王、末神神《すえかみがみ》へ申す、浪風しずめて聞めされ、
姫は神代の姫にて祭り、雨をたもれ雨をたもれ、
雨がふらねば木草もかれる。人だねも絶へる。
姫おましよ、姫おましよ。
八月の炎天に、行列はハッハッと息を吐いていた。ねじり鉢巻で汗をふりこぼしながらとび歩いていた雨乞いのドラ打ちの、尻からげの若衆たちは、たぶんもうおじいさんになっているにちがいない。そう思うと、のみくだした遠い昔の祭りの唄などが、ちいさくちいさくきこえようとする。ふいにあの仙助老の棒踊り唄が。
それらは村々の小径から合流して、町にさまざまの祭りがくるのだった。雨乞いも、ひとつの祭りにちがいなかった。

一月二十六日、新潟最終班離水。
二月九日、全市民にむけて市民会議発足趣意書新聞折込み配布。
三月十六日、患者互助会長らとともに日吉会長、熊本県議会および、水俣市議会に同内

容の請願書提出、県議会へは長野県議の示唆あり。

現在の水俣病の対策は当初より不充分の上に年月の経過と共に各方面の関心がうすらぎ先細りの傾向にありますので、当面の対策として次の事項を請願します。

一、水俣病患者がチッソ株式会社より受けている見舞金は生活保護の収入認定対象から除外するよう関係方面に働きかけてください。

二、水俣病患者家庭互助会からの就職、転業のあっせん依頼は積極的にあっせんを行ってください。

三、心身障害児を対象とした特殊学級を湯之児病院に新設してください。

請　願　書

理　由

一、現在水俣病患者にチッソ株式会社より「見舞金」が支給されています。しかし、この「見舞金」は生活保護の収入認定対象となって生活保護を受けられず、また、現在生活保護を受けている四名は生活保護費から差し引かれ、生活保護の意義が事実上失われているのが現状であります。したがいましてチッソ株式会社より水俣病患者が受けている「見舞金」は生活保護の収入認定対象から除外するよう熊本県並に中央政府に働きかけてください。

二、昭和二十八年水俣病発生以来水俣病患者家族においてはある家族は病魔のために一家の支柱を失い、ある人たちは廃人となり、ある人たちは不自由なからだにむちうって世間の冷い目の中で生活しておられます。またこれから学校を巣立って社会に一歩を踏み出そうとしている若い人たちも水俣病患者のために就職の場合かなりの困難が見受けられます。患者家族にあって転業就職あっせんの依頼があった場合は積極的に援助してください。

三、胎児性水俣病患者また幼少時水俣病となった子どもたちのなかで教育可能な児童で特殊学級にも入学できず勉強の道を閉ざされているものが数名（二名～五名自宅療養患者を含む）、他の事由により心身障害者となった子どもたち（湯之児病院入院患者十六名）のために水俣市立病院湯之児分院に心身障害児を対象とした特殊学級をぜひ新設してください。

右の通り請願します。

昭和四十三年三月十五日

「註」一、水俣病患者の家庭互助会とは昭和三十四年八月患者家庭の補償金交渉を目的として結成されたもので、現在構成家庭六十四世帯。

二、水俣病対策市民会議とは水俣病の原因を国に確認させることと、患者家庭の今後の対策を確立するため、自治体や政府に働きかけることを目的としたもので会員は現在二百名。

水俣病患者家庭互助会
会長　中　津　美　芳　㊞
水俣病対策市民会議
会長　日　吉　フミコ　㊞

紹介議員

熊本県議会
議長　田代　由紀男　殿

三月十八日、互助会とともに日吉会長ら国会に陳情、東京で新潟水俣病代表八名と合流、科学技術庁、経済企画庁、厚生省、通産省に同じ内容の陳情。

続いて市議会に対し原爆手帳よりも診療に直接的に有効な患者手帳の交付、機能回復後の患者たちの職業あっせん、リハビリセンター入院患者の完全看護、付添婦の増員、リハビリセンター内に特殊（養護）学級の設置を要求し続ける。市民会議の動きとやや並行しつつ地元熊日紙キャンペーンを張りはじめる。タイトル「水俣病は叫ぶ」。

続いて朝日新聞キャンペーン開始。中央政府において天草出身園田公害大臣の動き。その発言「独走コース」となる。

五月、厚生省「イタイイタイ病の原因は三井金属神岡鉱業所からのカドミウム」と発表、そのまま国の結論となる。漸次《ぜんじ》、全マスコミ、潜在している諸公害の発生の予兆に対し感度高まり、両水俣病政府見解を追いあげる動向となる。国民の、生存の危機感の反応……。しかしおそろしくマスコミは忙しく忘れっぽい。

水俣病事件の潜在期間をいれて昭和二十四年に市政発足した水俣市政は、
二十五年三月〜三十三年二月まで橋本彦七市政
三十三年三月〜三十七年二月まで中村止市政
三十七年三月〜現在まで橋本彦七市政
三十一年度から四十二年度にかけて水俣市が支出した水俣病対策費は、生活保護費、教育扶助、医療扶助等八千六百九十三万円であり、三十四年六月竣工市立病院水俣病病棟工費八百八万円三十二ベッド。四十年三月竣工湯の児リハビリセンター工費二億五千万円二百ベッド。患者たちの使用は、現在しかし、十数ベッドである。

橋本彦七氏。北海道出身、チッソ社史によれば「当社、帝国特許、発明者の項」に「醋酸ノ合成方法」を昭和六年に獲得、続いて井手繁と連名で、「エチリジン、タイアセテートより無水醋酸およびアセトアルデハイドヲ製造スル方法」、「アセトアルデハイド製造方法」、「醋酸水溶液ヲ濃縮シテ純醋酸ヲ製造スル方法」等々六つの特許を有し、ドイツ、フランス、イタリー、カナダ、イギリスの同様特許を持ち、つまり昭和七年から生産体制に入る同工場の醋酸製造、のちのアルデヒド製造に基礎的貢献をした人材である。終戦時、水俣工場工場長であった。

チッソの功労者は水俣の功労者でもある。そのような地域感情が氏を革新系市長にかつぎ出す契機となった。

「平和な町、美しい町、豊かな町、新産業福祉都市の建設」というのが橋本彦七氏のモットーである。市民会議の発足に対する市当局の反応は、微妙で興味深いものだった。

——橋本水俣市長の音頭とりで〝合同慰霊祭〟が、市公会堂で開かれたのは、……またその数ヵ月前に、新潟からの訪問者を前に、胸を張って、「湯の児の病院を見ましたか。市はこれまで十分水俣病患者のためにやってきた。今さら花火線香のような市民運動などおかしいではないか」とタンカをきった橋本市長の豹変ぶりに驚かされた、というようなことがあったとしても……——。（「熊本日日新聞」10月6日）

そのようなことであったとしても、市当局は互助会と市民会議が申し入れていた前記の、小さくて基本的な諸要求を、自らの発意の形で、改善してゆく動きをみせていた。九月十三日、はじめての水俣市主催〝水俣病死亡者合同慰霊祭〟。

実はその約三週間前に、気おくれしながら日吉会長が互助会に慰霊祭の相談を申し入れていたのであった。「それならば市でやってもらったほうがお供物《くもつ》も多かろうし」という互助会長の意向を尊重し市民会議は静観した。なんとそれはしかし異様な慰霊祭であったことか。

はじめて水俣市が主催した慰霊祭に、会場設営と受けつけをやった市役所吏員を別として、一般市民が、わたくしをのぞいてただひとりも参加しなかったのである。

そのようなことはしかし予想されないことではなかった。水俣市全体が異様なボルテージを高めつつあったから。三十四年暴動直後にくっきりと変わって行った市民の水俣病に対する感情がそっくりそのまま再現しつつあったのである。会社に対して裁判も辞さぬと朝日新聞に決意表明をした胎児性死亡患者岩坂良子ちゃんの母親上野栄子氏の家には、チッソ新労が洗濯デモをかけるぞというデマ情報が入っていた。

「水俣病ばこげんなるまでつつき出して、大ごとになってきた。会社が潰《つぶ》るるぞ。水俣は黄昏《くれ》の闇ぞ、水俣病患者どころか」

仕事も手につかない心で市民たちは角々や辻々や、テレビの前で論議しあっている。水俣病患者の百十一名と水俣市民四万五千とどちらが大事か、という言いまわしが野火のように拡がり、今や大合唱となりつつあった。なんとそれは市民たちにとって、この上ない思いつきであったことだろう。それこそがこの地域社会のクチコミというものだった。マスコミの関心の集中度とそれはくっきり反比例していた。水俣病に関する限り、どのような高度な論理も識者の意見も、この地域社会にはいりこむ余地はない。マスコミなどはよその中のよそものである。園田厚相の言動から、政府の見解発表が近く、チッソの企業責任がかなり明確に、はじめて打ちだされるのではないか、ということを市民たちは苦々しく感じていたのである。

おそらくよほどに水俣市当局はゆとりをなくし、あわてていて、市民への参加よびかけをすっぽり失念していたにちがいない。

諸新聞は、政府見解を待って現地に待機ちゅうであり、連日多角的に「ネタ」を狙っていた。市民会議発足当時、市長は日吉フミコ会長に対して「花火線香ではネ」といい、あとは身ぶり手真似で、奇態な女性の姿態をしてみせたりして、氏は日吉先生を侮蔑したつもりらしく、わたくしたちはあっけにとられたが、それも市長の芸のひとつであろうから、わたくしたちはものめずらしくてそれを見物した。

そのような経過と情況であっても、深甚の想いをこめて市民の心に訴える心があれば、たとえば電光石火に出された橋本市政後援会（政治結社）のビラのような形ででも、あるいは町内事務長通達ででも、あるいは月々出される市報ででも、参加よびかけをしてよかったのだが市はそれを失念した。

水俣市公会堂、水俣病死亡者合同慰霊祭会場。二千人は楽に収容できる公会堂の受けつけにゆきわたくしは互助会名簿を数えた。このような水俣市の雰囲気の中を、くぐりぬけて集まってきた、遺族と患者の心をおもいながら。互助会八十九世帯中出席者三十九名。会場中央前方にしつらえられた遺族たちの席のまわりはがらんどうとし、その左手に、遺族席より一段高い机をおき、造花を胸につけた来賓たちがならんだ。来賓弔辞。徳江チッソ支社長。報道関係ががらんどうの空間へむけてとびこむ。

「ひとことお詫びを申し上げます。……まことにまことに申しわけなく、……多大のごめいわくをかけました。近く政府の見解が出されます。誠実にその見解にしたがい……」

徳江氏の声はからからとしてよくがらんどうの空間に響き渡り、まことに卒然とした印象である。

遺族席をわたくしはみた。遺族たちの後姿を。宮本おしの小母さんのかきあげ損ねて落ちこぼれている白髪染めのはげた髷《まげ》を。彼女の夫は、弔慰金を半分に値切られて贈られたのである。直接の死因が水俣病でないという死亡診断書をたてにとられて。

「なあ、あねさん、魚ばこぎるごて（魚のねだんを負けさせるように）人間の命ばこぎられて。おるげん衆は、浮かばれみゃあと思うとったが、よか慰霊祭ばしてもろて、これで浮かばれたろ。きょうは久しぶりになつかしかった。よかお経ばあげてもろて、写真ども眺めよったらぼんのうの湧いてならん。ほんにきょうはありがとうござした。詣ってもろて」

彼女はそういって数珠《じゅず》をかけ合掌した。

チッソ江頭社長はこの日、「水俣に異常事態が生じており、地元の全面的協力が得られねば五ヵ年計画をすすめられない」と撤退をほのめかした。翌十四日チッソ新労名で市民むけビラが新聞折込みで配布された。「政府の公害認定がなされようとしております。この問題が水俣市の発展に暗い影を落とすのではないかという不安をお感じになっているのではないかと推察いたします――」という書きだしではじまり、「この暗雲を吹きとばし再び水俣に発展をもたらすため会社の決意をひるがえすよう皆様方と手をつなぎ」とそれは結ばれていた。チッソは市民感情の極点を探っていたにちがいない。慰霊祭直後を、もっとも有効な時期、と判断したにちがいないのだ。三十四年十一月工場排水停止は、操業停止だとした従業員大会の夜を境とし、一夜にして反漁民的となった市民感情のうごきを、覚えていたのだ。おのれの大量殺人には口を拭い、漁民を暴徒に仕立てあげ、産業誘致に血道をあげては、逃げられてばかりいる〝農業後進県保守熊本〟の世論を、そのようにして苦もなくくぐりぬけ、「見舞金契約書」に調印させたあの時期を、してやったりとこたえられない想いをしたであろうあの時期を、覚えていたにちがいないのだ。

もはや十分であった。より密度の濃いタブーが生まれつつあった。タブーよ、もっとも熱度低く冷やかに凍れ、とわたくしはおもっていた。タブーも高度に凝固、結晶すれば変質するのである。

四十二年三月、ひとたび革新側によって提出され、可決された工場誘致条例の撤廃が、九月、市長提案によって復活。このときゴミ処理に不正があったと共産党から糾弾された、し尿汲取業者である社党市議は橋本党にくっつき、ゴミ処理問題不発のまま復活条例はチッソ合理化計画の小会社に適用されていた。チッソ合理化五ヵ年計画とは、現人員二千七百人を半分にへらすということであり、この計画を発表する前後からチッソ水俣首脳は「先パイの話をきく会」というものを持ちながら本年五月、政治結社「橋本市政後援会」を結成していた。

八月三十一日、チッソ第一組合（合化労連新日窒労組）は定期大会をひらき「水俣病に対し私たちは何を闘ってきたか？　私たちは何も闘い得なかった。人間として労働者として恥ずかしい。何もしてこなかったことを恥とし、水俣病を闘う！」と宣言する。それは予想されていた可変部分だった。チッソを守れ！　会社を守れ！　というシュプレヒコールは、だがさらにつづく。

てんのうへいかばんざい

九月二十二日園田厚相水俣入り。

水俣市役所階段下に患者互助会集結。天草出身の「大臣殿」をまのあたりにみて、互助会の人びとは言葉より先に涙があふれでた。十年前、〃国会議員のお父さま、おかあさまがた……〃と訴えた中岡さつきさんが進み出た。ただ「おねがいします。よろしく。患者と家族のためによろしく」という言葉が絞りだされたのみである。天草渡りが多い互助会員たちは、胸のうちを、と思うばかりで言葉が出ない。予定時間にない割りこみ陳情である。大臣は想い深い表情でこの集団を離れようとした。その後姿にむけて粛々《しゅくしゅく》と哭いていたひとびとの口から、高く、宗教的な響きをもった和音が、ひびき渡った。

「おねいがいします！」

という和音の輪唱である。互助会の孤立はきわまりつつあった。

湯の児リハビリセンター入院患者坂上ゆき女。リハビリセンターから保養院（精神病院）

に転院中離婚手続き完了、五月離婚決定。旧姓にもどり西方ゆき女となる。強度の錯乱おさまり、「捨てる神もあれば助ける神もあるちゅうけん」とほほえみをもらしうるようになっていた。天草牛深の生まれである彼女は、ひときわ心なつかしい想いを抱いて厚相の到着を待っていた。

「よか背広着た人たちのぞろーっと入ってきて三十人ばかり、どの人が大臣じゃろ、いっちょもわからん。三十人ばかりでとりかこまれて、見られたばい。なれてはおるとたいね、どうせうちは見せ物じゃけん。

大臣はどの人じゃろ、とおもうとるうち頭のカーッとして……。杉原ゆりちゃんにライトをあてて写しにかかったろ、それで、ああ、また、と思うたら、やってしもうた……」

「やってしもうた……」とは水俣病症状の強度の痙攣発作である。のちに彼女は仕方がないというふうに、うっすらと涙をにじませて笑う。

予期していた医師たちに三人がかりでとりおさえられ、鎮静剤の注射を打たれた。肩のあたりや両足首を、いたわり押えられ、注射液を注入されつつ、突如彼女の口から、

「て、ん、のう、へい、か、ばんざい」

という絶叫がでた。

病室じゅうが静まり返る。大臣は一瞬不安げな表情をし、杉原ゆりのベッドの方にむき

なおった。つづいて彼女のうすくふるふるとふるえている口唇から、めちゃくちゃに調子はずれの『君が代』がうたい出されたのである。心細くききとりがたい語音であった。そくそくとひろがる鬼気感に押し出され、一行は気をのまれて病室をはなれ去った。

九月二十六日午後、厚生省・科学技術庁で政府見解発表。水俣病をまとめた厚生省は「原因はメチル水銀化合物で、新日本窒素水俣工場のアセトアルデヒド酢酸設備内で生成されたメチル水銀化合物が排水に含まれ、水俣湾内の魚介類を汚染した」とし、はじめて企業責任をうち出した。患者発生以来じつに十五年ぶりであり、阿賀野川事件については科学技術庁が「旧昭和電工鹿瀬工場の廃液に含まれたメチル水銀化合物が阿賀野川を汚染し、中毒発生の基盤となった」とし、四年ぶりの見解であった。

九月二十七日。

チッソ江頭社長が東京からやってきて、患者家庭をお詫びにまわるという。なるほどなるほどとわたくしはおもう。しかとこの日をむかえ、みとどけねばならない。

報道陣の主力の大半は二十六日、政府見解が出た時点で引きあげていた。政府見解そのものの内容は園田厚相が「お国入り」した二十日前後の「おみやげ」の言動によってほぼ予測されていて、新聞の論調はもはやしめくくりの段階に入ったようだった。水俣病事件の最後の深淵がゆっくりと口をひらくのはこれからである。事件発生以来十五年、そのより深い潜在期間を入れると足尾鉱毒事件より七十年、この潜在期間もまた充分である。たっぷりとこの年月を、わたくしは味わった。はらわたがくさり、それが嘔吐になってくるまでに。チッソ社長は社用の自動車でまわるにちがいない。この日のためにやりくり無能の家計を切り盛りし、金は用意した。わたくしは、タクシーを借り切ってついてまわることにした。

まず山本亦由新互助会長宅。一足おそかった。氏は複雑な、充血した目をしていた。おそらく眠れない日夜が続いているにちがいない。政府見解にふれ、わたくしは氏の積年の苦労をねぎらい、これからの補償交渉の困難をおもんぱかって深く頭を下げた。氏は幾度もうなずき、めずらしく自分のほうから、患者である娘のことについてふれ、「朝漁に出ていたら社長が来て」といいかけた。そのとき前庭を、ひょろひょろと吹き寄せられるような足つきで一人の婦人があらわれ、

「小父さん！」

というなり、玄関入り口にかがみ込み、はげしくおえつしはじめたのである。髪のあまりのおどろさと両肩のあらわな下着姿に一瞬見まちがえたが、出月在宅重症患者、多賀谷キミさん（48歳）である。

「何したか！　どげんした！」

　山本氏は腰を浮かせてそう呼んだ。

「小父さん、もう、もう、銭は、銭は一銭も要《い》らん！　今まで、市民のため、会社のため、水俣病はいわん、と、こらえて、きたばってん、もう、もう、市民の世論に殺されるｌ！　小父さん、今度こそ、市民の世論に殺さるるばい」

　みればはだしである。

「何ばいうか！　いまから会社と補償交渉はじめる矢先に、なんばいうか。だれがなんちゅうたか」

「みんないわす。会社が潰《つぶ》るる、あんたたちが居るおかげで水俣市は潰るる、そんときは銭ば貸してはいよ、二千万円取るちゅう話じゃがと。殺さるるばい今度こそ、小父さん」

「バカいえ、そげんこついうた奴ば連れて来《け》え、俺家《おるげ》に！

俺がいうてやる、俺たちがこらえとるけん、水俣市は治まっとるとぞ、俺たちが暴れだしたら水俣市はどげんなるか、そげんいうてやる、連れてけえ、そいつどんば。俺が一人で引きうけてやる、連れてけえ、心配すんな——」

　暗然としてわたくしは彼女の肩に手においた。

「帰りまっしょ、帰りまっしょ。体に悪かですばい、着物ば着らんと……」

何やらけげんな顔で、彼女は立ちあがり、泣きじゃくりを残してひょろひょろと帰りかける。左手にくたびれた洋タオルの端を長くぶらさげて地上にひきずりながら……。

彼女のその姿はこのあと九月二十九日に行なわれた〝水俣市発展市民大会〟の景色に重なるのである。

毎日新聞熊本版、43・10・19号
〝水俣病　公害は認定されたが〟連載(3)
病む水俣を象徴＝患者が背を向けた市民大会
①水俣病患者家庭互助会を全面的に支援する。
②チッソの再建五ヵ年計画遂行を支援する。
このふたつのスローガンを掲げて九月二十九日、水俣市発展市民大会が開かれた。発起人は商工会議所からパーマ協会、風俗営業組合まで五十六団体の会長、婦人会青年団も含めたもので、中心は商工業者の団体。

その趣意書は「チッソとともに栄えた水俣市は……三十七年の大争議を境とし何かが狂い始め……この病弊が、今回の水俣病問題にも端的に現われ……再び繁栄途上にある水俣市に暗い影をなげかけております。さらにこの遠因はチッソにあるとはいえ、その責任を追及するあまり、現状打開の道を失っているのではないか」と訴えかけていた。水俣病患者支援を打ち出した市民大会は、おそらくこれが初めてである。しかし、チッソ支援もあわせてかかげたところに、この大会のきわだった特徴があった。

そのことはつぎつぎに壇上に上がった知名士たちの、どこか歯切れの悪い、弁解じみた口調にもにじみでていた。

田中商工会議所会頭は「会長就任を断わったのだが」と述べ、下田青年団長は「チッソと市民が心をひとつにして……」と訴え、大崎ミツ婦人会長は「会社行きさん（チッソ従業員のこと）ならヨメにあげますという人情豊かな町にもどそう」とこもごも訴えかけた。

橋本市長は「会社、従業員、市民が心をあわせればチッソの再建はできるはずだ」と強調、広田市会議長は「これまでも不幸な人たちにはある程度のお手当てはしてきた」といい、松田漁協組合長はただひたすら「いまの魚は安全です。安心して食べてほしい」と訴えた。

それはまことに異様な大会であった。

「患者を支援する。しかしチッソの再建計画の遂行には十分協力する」ふたつのスローガンはこの「しかし」という逆接の接続詞で結ばれる関係にあった。

それはまた九月十四日付の新労のビラが落とした「暗い影」と「地元の協力がなければ

――」という新労に対するチッソ回答にピタリと照応するものであった。

この大会に参加を求められた山本亦由互助会長は「十年もうっちょいていまごろ……。自分たちゃ会社と自主交渉するから、はたからなんのかのといわんごつしてください」と参加を断わったという。

その山本会長に「いままでん悪かこつぁすんまっせん。ばってん、あたたちも水俣市民ちゅうことを忘れんで交渉してはいよ」と要請したという山口義人氏は、この大会で唯一とも思える〝肉声〟で訴えた。

「公害認定されてから工場ひきあぐるなんちゅう社長はどぎゃんかい。チッソの社長ともあろう人がこっじゃ困る」

しかし、まったく皮肉なことだが、この市民大会の数時間後、江頭チッソ社長は「全面撤退などありえない。誤報だ。現に新工場も完成したばかりだ」と記者会見で答えていた。さらに、

――チッソが要請する地元の協力とは具体的にどんなことか。

「長期ストなど面倒があるようじゃ……」

――それでは、地元の協力とは労働組合のことか。というやりとりがあった。

市民千五百人を集めて開かれた〝水俣市発展市民大会〟は患者からボイコットされ、

〝合同慰霊祭〟は市民からボイコットされることで、病む水俣の姿を象徴的に表現していた。

患者たちの補償交渉は、そうした水俣の空気の中で始まろうとしていた。

満ち潮

渡辺栄蔵氏宅の前でわたくしは一行に追いついた。長老はちょうど社長一行を送り出して石段を下りかかり、最後尾のわたくしの車をみとめ、かがみこんで、石段の上から例の、よっ、というような、少年のような目挨拶を送ってきて片手をあげた。車は三号線をすべり出す。

鹿児島県県境に近い茂道部落。車が通れば人間が通れなくなる渚の道。軒並につづく患家の前に、黒塗り大型の「会社」の車が止まる。前方に大型車をとめられてわたくしの小型タクシーは、動きがとれない。渚に突き出た菜園畑の小径にわたくしは降り立つ。このような小径にいつも這いでてきて、かげろうのような脚をそよがせ渡る舟あまめたちの影はきょうはない。時ならぬ人出と車の列におどろき、石垣の穴にかくれてしまったのである。

満ち潮である。胎児性水俣病患児森本久枝の家の縁先。

いかにも幹部ふうにすっきりと黒い背広を着た男たち。そしてわたくしの手元には、会社側が「健康体」などと、患者を査定した医学的な根拠もない「水俣病患者一覧表」があるのだった。

茫漠たるむなしさにわたくしはとらわれる。アスワンハイダムに沈んでいる古代中近東の神殿をそのとき、わたくしは想っていたのだ。

ぼとぼととのぼる気泡のような声をわたくしは聞いた。社長の〝お詫び〟の言葉を。

「……まことにながい間、申しわけありません。……この上は誠意をもって、必ず、お子さまの一生につきましては、面倒をみさせていただきたいとおもいます」

森本久枝ちゃんの母親はもじもじと首うなだれてその挨拶をうけ、深いおじぎを返して一行を送り出すや、縁先のわたくしのほうにいざり寄り、はじめて無言のままはらはらと落涙した。

患家には不在の家が少なからずあった。一軒一軒の患家には社長がゆくことは、口頭でも文書でも知らされていなかった。前日、政府見解発表後の記者会見でその意向が洩らされたのみである。

出月部落、茨木妙子、次徳姉弟の家。両親は急性劇症型、慢性刺激型で初期に死亡した。次徳氏の病状を抱えて姉妙子さんは嫁にもゆきそこねた。土方仕事を休んで弟と二人、彼女は社長の来訪を待っていた。

「よう来てくれなはりましたな。待っとりましたばい、十五年間！」

まず彼女はそう挨拶した。

秋の日照雨《そばえ》が降り出した。

「今日はあやまりにきてくれなったげなですな。

あやまるちゅうその口であんたたち、会社ばよそに持ってゆくちゅうたげな。今すぐたったいま、持っていってもらいまっしゅ。ようもようも、水俣の人間にこの上威《おど》しを嚙ませなはりました。あのよな恐ろしか人間殺す毒ば作りだす機械全部、水銀も全部、針金ひとすじ釘一本、水俣に残らんごと、地《じだ》ながら持っていってもらいまっしょ。東京あたりにでも大阪あたりにでも。

水俣が潰るるか潰れんか。天草でも長島でも、まだからいもや麦食うて、人間な生きとるばい。麦食うて生きてきた者の子孫ですばいわたしどもは。親ば死なせてしもうてからは、親ば死なせるまでの貧乏は辛かったが、自分たちだけの貧乏はいっちょも困りゃせん。会社あっての人間じゃと、思うとりゃせんかいな、あんたたちは。会社あって生まれた人間なら、会社から生まれたその人間たちも、全部連れていってもらいまっしゅ。会社の廃液じゃ死んだが、麦とからいも食うて死んだ話はきかんばい。このことを、いまわたしがいうことを、ききちがえてもろうては困るばい。いまいうことは、わたしがいうことと違うばい。これは、あんたたちが、会社がいわせることじゃ。間違わんごつしてもらいまっしゅ」

滂沱《ぼうだ》と涙があふれおちる。さらに自分を叱咤《しった》するようにいう。

「さあ！ 何しに来なはりましたか。上んならんですか。両親が、仏様が、待っとりましたて。突っ立っとらんで、拝んでいきなはらんですか。拝んでもバチはあたるみゃ。線香は用意してありますばい」

彼女にうながされ、一行ははじめて被害者の仏壇に礼拝した。吹き降りの雨足の中を、背広を着た人びとは言葉を発することなく、自動車で次の患家にむかった。

その直後にわたくしが飛びこんだ。

「惜しかった！」

と彼女はいった。

「まちっとはよ来ればよかったたて、今帰らした」

妙な気持ちじゃ、と彼女はまだ涙をふくんでいる大きな切れ長の目を、空に放っていう。

「ちっとも気が晴れんよ……。今日こそはいおうと、十五年間考え続けたあれこればいおうと、思うとったのに。いえんじゃった。

泣かんつもりじゃったのに、泣いてしもうて。あとが出んじゃった。悲しゅうして気が沈む」

彼女は前庭を歩きまわったり、そばに来て縁に腰かけたり、かがみこんだりしながらいう。

「親からはおなごに生んでもろうたが、わたしは男になったばい。このごろはもう男ばい」

伏目になるとき風が来て、ばらりとほつれ毛がその頰と褐色の頸すじにかかる。その眸のあまりのふかいうつくしさに、わたくしは息を呑んだ。霧のように雨を含んでひろがる風である。

「そうそ、お下がりば貰いまっしょ。仏さまから」

草いきれのたつ古代の巫女《みこ》のように、彼女はゆらりと立ちあがる。仏様のほうにゆき「お供物」を捧げ下ろし、そのまま台所にゆき片手に庖丁をもってあらわれる。

「いただきまっしょ、いただきまっしょ、社長さんのお土産ばみんなで。

何じゃろか、ようかんじゃ。東京のようかんぞ、次徳。お茶沸かそうかいねえ。忘れとった。お客さんに」

彼女は縁側にお供物を披露し、ポン、ポンというような手つきでそれを切り放し、じつにあどけない笑顔になってさしいだす。

「はい、どうぞ」

〔第一部　終〕

あとがき

政府見解発表後、昭和四十三年十月から始まった数次の補償交渉は、水俣病患者互助会側が提示した①死者千三百万円②患者年額六十万円に対し、チッソ側はゼロ回答をもってこれにうそぶいている。第三者機関あっせんに、ふたたび互助会が依頼した寺本熊本県知事に、江頭社長は、

「チッソとしては三十四年暮れの見舞金契約は有効。補償交渉はチッソの好意でおこなわれており、補償金は見舞金の上積《うわづ》みを考えている」

と発言。さらに十二月十九日、厚生省への要望書の中で「追加補償問題」という言葉を使い、従来の見舞金契約書を有効とする補償態度をさらに明確化、

「互助会の要求額が非常に高いので難航しているが、これは一企業一地域の問題ではなく、公正な基準を求める必要があると思う」（熊日）と居直るに至った。この言葉には、十五年の歳月を経て政府見解が出された後も、一企業が、一地域に対しておこなった自らの極罪

に対し、万全の償いをもって天下の前に服さねばならぬという態度は、ごうもみうけられない。

「——公正な審判に服する」というならとにかく、恐るべき厚顔無恥、わたくしたちにこの上まだ、〈ことば〉がありうるであろうか、とわたくしは思い沈む。

ここにして、補償交渉のゼロ地点にとじこめられ、市民たちの形なき迫害と無視のなかで、死につつある患者たちの吐く言葉となるのである。

「銭は一銭もいらん。そのかわり、会社のえらか衆の、上から順々に、水銀母液ば飲んでもらおう。(四十三年五月にいたり、チッソはアセトアルデヒド生産を中止、それに伴う有機水銀廃液百トンを韓国に輸出しようとして、ドラムカンにつめたところを第一組合にキャッチされ、ストップをかけられた。以後第一組合の監視のもとに、その罪業の象徴として存在しているドラムカンの有機水銀母液を指す)上から順々に、四十二人死んでもらう。奥さんがたにも飲んでもらう。胎児性の生まれるように。そのあと順々に六十九人、水俣病になってもらう。あと百人ぐらい潜在患者になってもらう。それでよか」

もはやそれは、死霊あるいは生霊たちの言葉というべきである。

補償交渉の推移を見つづけていて、はしなくも私は足尾鉱毒事件谷中村残留民の高田仙次郎を思いおこす。彼は文盲にして役人たちに土地買収承諾の印を、献納書だと詐《いつわ》りとられてしまい、谷中残留民に対する強制破壊の直前、「本当に国家が必要ならば私の土地と家屋は無代で国家に献納します」といい、田中正造は仙次郎に「貴下は神のごとしです」と書き送った。（私はこの章のある「思想の科学」日本民主主義の原型特集号（一九六二年九月号）を座右にひきよせ、水俣病にかかわる自己との対話のよすがとしていることを、ここに記さねばならない。）

水俣病患者たちがしばしばいう「――水俣病患者のわたしたちがモノいえば、国家のため、県のため、市のためになりまっせん……」という言葉は、仙次郎では国に提供するのは個人の私有財産であるが（もちろん生存権であったが）、七十数年後の水俣病事件では、日本資本主義がさらなる苛酷度をもって繁栄の名のもとに食い尽くすものは、もはや直接個人のいのちそのものであることを、わたくしたちは知る。谷中村の怨念《おんねん》は幽暗の水俣によみがえった。

ここに登場する人びとはその意味のみならず、この国の農漁民の、つまりわたくしたちの、祖像であり、ひとびとの魂には、わたくしたち自身のはるかな原思想が韻々と宿されているのである。このようにして、ほろぼされるものたちになりかわり、生まれでるものたちの祖像を、わたくしは新潟水俣病患者たちの姿の中にみいだす。

「昔なら、両親の仇、きょうだいの仇、オレ自身の仇をとりにゆくところだ。昭電の奴らなんて、どんな家に住んで、どんな食いものを食って、どんな金で、渡世《とせい》をしているもんだか、ロクな金で暮らしているはずがねえ。人を殺したその金で。あいつら、殺してやっても、殺しがいもねえような人間だ。オラが助からねえのは、人間のクズのような昭電の奴らのせいではねえ。オラがねむれねえのは、九州の患者さんたちが助からねえからだ。オレがもし総理大臣だったら、笑わねえでくんねえよ、オレがもし大臣だったら、水俣の患者さんのなかで、ともかく救ってあげたい人は、社会復帰できるひとを先に、最高の医学と、最高の社会福祉とで救ってみせる。二番目にタカエちゃんのような、ああ、あの人は復帰できるのだろうか、あの人と会ったのは一分もない、四十秒だ。だけどオレは自分が患者だから、ひとめでその人の指のおきかた、目の色で患者の気持がわかる。坂上さんがいったんですよ、あんたら、新潟の人たちは、水俣のものが犠牲になったおかげで助かったでしょうがと。オレはしかし助からねえ。あの人たちが助からねえと……」

この青年の父親はもつれる言葉をつづりあわせていう。

「昭電の廃液が基盤になっていると国が結論出しましたねえ。九州の方も、水俣市民の形なき迫害もあって、まだまだ死んだ仏は浮かばれめえ。それでもおら、世の中は進むもんだと思っておりますがね。十五年前にはいまの結論は考えられなかった。昭電がんばっているようだけれども、こうなりゃあ根くらべだ。訴訟うった仲間では、暮しに困る家といやあ、おれんちばっかりだ。なあに負けはしねえ、おれの家、ひとりのこらず、水銀にやられちまって、この上なんにもこわくねえ。ほかの家は田畑あるし、たまにヤツメとったり鮭とったりゆうゆうとしたもんだ、決して負けるこたあねえ」

極限状況を超えて光芒を放つ人間の美しさと、企業の論理とやらに寄生する者との、あざやかな対比をわたくしたちはみることができるのである。

本稿一部は一九六〇年一月「サークル村」に発表、同年「日本残酷物語」（平凡社刊）に一部。後、続稿をのせるべく一九六三年「現代の記録」を創刊したが、資金難のため、チッソ安定賃金反対争議特集号のみに止まり、一九六五年、「熊本風土記」創刊とともに稿をあらため、同誌欠刊まで、遅々として書きつづけられた。原題『海と空のあいだに』である。

――意識の故郷であれ、実在の故郷であれ、今日この国の棄民政策の刻印をうけて潜在スクラップ化している部分を持たない都市、農漁村があるであろうか。このような意識のネガを風土の水に漬けながら、心情の出郷を遂げざるを得なかった者たちにとって、故郷とは、もはやあの、出奔《しゅっぽん》した切ない未来である。

地方に出てゆく者と、居ながらにして出郷を遂げざるを得ないものとの等距離に身を置きあうことができれば、わたくしたちは故郷を再び媒体にして、民衆の心情とともに、おぼろげな抽象世界である未来を、共有できそうにおもう。その密度の中に彼らの唄があり、私たちの詩《ポエム》もあろうというものだ。そこで私たちの作業を記録主義とよぶことにする……と私は現代の記録を出すについて書いている。未完のこの書の経緯を、いくばくかはそれで伝えているようにおもう。

上野英信ご夫妻の献身的ご尽力と講談社のご好意によって上梓されることが決定されたが、市民会議発足にかかわっていることもあって、続稿にとりかかったのはなおその半年後であり、特に、講談社学芸第二出版部の皆様には、多大のご迷惑をかけることになった。

熊本風土記編集者渡辺京二氏、あつこ夫人、日本陥没紀筑豊遺跡に住む上野英信氏、晴子夫人の両家に、積年、わたくしは蒸発しにゆき、遠慮なく心の孤立と飢えを訴え、食事を乞い、この両家では、渚に打ちあげられた魚のごとく、ねむることができた。この間わたくしの家人たちはようしゃなく放置されたが、いたしかたもないことである。家人たちを慰藉してくれるよき人びとに、幾重にもかこまれていたのである。無限に感謝せねばならない。

このようにして、ひとびとの優しさに甘え、間にあう、などということは一度も考えられずに、この書は成るのである。

一九六八年十二月二十一日未明

石牟礼道子

改稿に当って〔旧版文庫版あとがき〕

白状すればこの作品は、誰よりも自分自身に語り聞かせる、浄瑠璃のごときもの、である。

このような悲劇に材をもとめるかぎり、それはすなわち作者の悲劇でもあることは因果応報で、第二部、第三部執筆半ばにして左眼をうしない、他のテーマのこともあって、予定の第四部まで、残りの視力が保てるか心もとなくなった。視力より気力の力がじつはもっと心もとないのである。

ことのなりゆきから、死者たちへの後追い心中のごとき運動の渦中にも、出没せねばならぬ破目におちいったが、第一部は、改稿の時間的ゆとりのまったくないまま出版の運びとなり、以来そのことがかなしくて、恥じ入ることこの上もなかったけれど、このたび装をあらため、文庫本にして下さるに及び、心地悪かった箇所をいくらか手直しできる機会をえた。

この点非常にありがたく、御配慮下さった梶氏と、朱書でいっぱいにしてしまった本稿を、切り貼りして下さる担当の川俣さまに、厚くお礼を申しあげます。

一九七二年十一月九日

著者

石牟礼道子の世界

渡辺京二

I

はじめに私的な回想を書きつけておきたい。「あとがき」にもあるように、本書の原型をなす『海と空のあいだに』は、昭和四十年十二月から翌四十一年いっぱい、私が編集していた雑誌「熊本風土記」に連載された。「熊本風土記」の創刊当時、私はいわゆる「サークル村」の才女たちの一人として、彼女の評判は聞き知っていたけれど、まだつきあいらしいつきあいはなかった。その彼女が、見ず知らずといっていい私の雑誌に連載を書いてくれることになったのは、ひとつは谷川雁氏の紹介と、もうひとつは、三十八年に雑誌「現代の記録」を水俣の仲間たちと創刊して、あとが続かずにいた彼女にとって、ちょうど手頃な発表機関が必要であったからにちがいない。

『海と空のあいだに』は、いってみれば編集者としての私に対する彼女の贈り物であった。第一回の山中九平少年のくだりを受けとったとき、私はこれが容易ならざる作品であることを直感した。時に休載することもあったが、原稿はほぼ順調に一回三十〜四十枚の分量で送られて来た。すなわち、作品はほぼノートの形ですでに書き上げられていて、彼女は締切りごとにそれに手を加え原稿化しているのだと私は推察した。私は編集者として、この作品の成立に協力するようなことは何ひとつしなかった。私のしたことはせいぜい誤字を訂正するくらいであったが、それでも自分がひとつの作品の誕生に立ち合っているのだという興奮があったのは、人に先んじて「ゆき女聞き書」や「天の魚」の章を原稿の形、ゲラの形で読み、まだ誰も味わっていない感動を味わい知る特権にめぐまれたからだろう。

当時、彼女はまだ完全にひとりの主婦として暮していた。四十年の秋、はじめて水俣の彼女の家を訪れた時、私は彼女の「書斎」なるものに深い印象を受けた。むろん、それは書斎などであるはずがなかった。畳一枚を縦に半分に切ったくらいの広さの、板敷きの出っぱりで、貧弱な書棚が窓からの光をほとんどさえぎっていた。それは、いってみれば、年端も行かぬ文章好きの少女が、家の中の使われていない片隅を、家人から許されて自分のささやかな城にしたてて心慰めている、とでもいうような風情だった。座れば体ははみだすにちがいなく、採光の悪さは確実に眼をそこなうにちがいない。しかし、家の立場からみれば、それは、いい年をして文学や詩歌と縁を切ろうとしない主婦に対して許しうる、最大限の譲歩ででもあったろう。『苦海浄土』はこのような〝仕事部屋〟で書かれたのである。

私は、苦しい条件のもとで書かれた名作、などといううろんな話をしているのではない。どんな条件で書かれようと駄作は駄作であり、傑作は傑作である。こういう話を書きつけるのは、そのつつましい仕事部屋（部屋ではなく単なる出っぱりなのだが、仮にこういっておく）が私にあたえた、ある可憐ともいじらしいともいうべき印象を私がいまなお忘れかねるからであり、さらにはまた、主婦である彼女に、そうまでして文章を書くことに執しなければならなかった衝動、いいかえれば不幸な意識が存在していたことに注意してほしいからである。

「ゆき女聞き書」と「天の魚」の章を読んだ時、私はすでにこの作品が傑作であることを確信していた。また、絶対にジャーナリズム上で評判をとると予想した。目が開いていれば誰にでもわかることである。はたして、本書が講談社から発行されると、世評はにわかに高く、その年のうちに第一回大宅壮一賞の対象となった。彼女はそれを固辞したが、そのことがまたジャーナリズムの派手な話題となった。しかも、時は折から公害論議の花ざかりである。『苦海浄土』はたちまち、公害企業告発とか、環境汚染反対とか、住民運動とかという社会的な流行語と結びつけられ、あれよあれよという間に彼女は水俣病について社会的な発言を行なう名士のひとりに仕立てられてしまった。『苦海浄土』がジャーナリズムの上で評価されるだろうことを疑わなかった私にしても、これぱかりは予想の外に出ることであった。

彼女は、自分でもどうにもならぬ義務感から、本書の第七章にあるように、昭和四十三年はじめに水俣病対策市民会議を結成し、その後運動が拡がるにつれ、彼女なりの責任を果そうとして来た。本書が発行された四十四年一月以降の経過について略述すれば、この年四月、厚生省の補償斡旋をめぐって、患者互助会は一任派と訴訟派に分裂、六月には二十九世帯が熊本地裁にチッソをあいてどって総額十五億九千万円余の損害賠償を提起した。それにともなって全国各地に「水俣病を告発する会」が生れ、厚生省補償処理阻止、東京―水俣巡礼団、株主総会のりこみなどが行なわれ、また四十六年夏から、いわゆる新認定規準によって、これまで放置されていた潜在患者が続々と認定されはじめ、その年の末には新認定患者はチッソに対する自主交渉を開始した。この自主交渉は一年後の現在なおえんえんと続けられており、一方、裁判はこの秋やっと結審を迎え、来年（四十八年）の春には判決が言い渡されるものと予想されている。

石牟礼氏はこのような事態の展開に、つとめてよくつき合って来たといってよい。それは彼女の責任であったわけであるが、そういう経過の中で、彼女にある運動のイメージがまとわりつき、彼女の著作自体、公害告発とか被害者の怨念とかいう観念で色づけして受けとられるようになったのは、やむをえない結果であった。

しかし、それは著者にとってもこの本にとっても不幸なことであった。そういう社会的風潮や運動とたまたま時期的に合致したために、このすぐれた作品は、粗忽な人びとから公害の悲惨を描破したルポルタージュであるとか、患者を代弁して企業を告発した怨念の書であるとか、見当ちがいな賞讃を受けるようになった。告発とか怨念とかいう言葉を多用できるのは、むろん文学的に粗雑きわまる感性である。それは文句なしにいやな言葉であり、そういう評語がこの作品について口にされるのを見るとき、その誕生に立ち合ったものとして、私はやりきれない思いにかられる。本書が文庫という形で新しい読者に接するこの機会に、私は、本書がまず何よりも作品として、粗雑な観念で要約されることを拒む自律的な文学作品として読まれるべきであることを強調しておきたい。

II

実をいえば『苦海浄土』は聞き書なぞではないし、ルポルタージュですらない。ジャンルのことをいっているのではない。作品成立の本質的な内因をいっているのであって、それでは何かといえば、石牟礼道子の私小説である。

磯田光一氏はある対談の中で、『苦海浄土』を一応いい作品だと認めた上で、自分がもし患者だったら、変な女が聞き書などをとりに来たら家に入れずに追い返すだろうという趣旨の発言をしていた。私もまったく同感なのであるが、『苦海浄土』がそういうプロセスで出来上った聞き書でないことは、磯田氏の能力をもってすれば読みとることは困難ではないはずである。

私のたしかめたところでは、石牟礼氏はこの作品を書くために、患者の家にしげしげと通うことなどしていない。これが聞き書だと信じこんでいる人にはおどろくべきことかも知れないが、彼女は一度か二度しかそれぞれの家を訪ねなかったそうである。「そんなに行けるものじゃありません」と彼女はいう。むろん、ノートとかテープコーダーなぞは持って行くわけがない。彼女が患者たちとどのようにして接触して行ったかということは、江津野杢太郎家を訪なうくだりを読んでみるとわかる。彼女は「あねさん」として、彼らと接しているのである。これは何も取材のテクニックの話ではない。存在としての彼女がそういうものであって、そういうふれあいの中で、書くべきものがおのずと彼女の中にふくらんで来たことをいうのである。

彼女は最終列車に乗りそこねて駅の待合室で夜明しすることがよくあるらしいが、そういう時ともすれば浮浪者然とした男が寄って来て「ねえさん、独りな?」と声をかけるそうである。「きっと精薄か何かに見えるのね」と彼女は嘆いてみせるが、彼女にはそういう独自なパースナリティがある。

「死旗」のなかの仙助老人と村のかみさんたちの対話を読んでみるとよい。

〈爺やん、爺やん、さあ起きなっせ、こげな道ばたにつっこけて。あんた病院に行って診てもらわんば、つまらんようになるばい。百までも生きる命が八十までも保てんが。二十年も損するが。

なんばいうか。水俣病のなんの。そげんした病気は先祖代々きいたこともなか。俺が体は、今どきの軍隊のごつ、ゴミもクズもと兵隊にとるときとちごうた頃に、えらばれていくさに行って、善行功賞もろうてきた体ぞ。医者どんのなんの見苦しゅうしてかかららるるか。〉

といったふうに続けられる対話が、まさか現実の対話の記録であるとは誰も思うまい。これは明らかに、彼女が自分の見たわずかの事実から自由に幻想をふくらませたものである。しかし、それならば、坂上ユキ女の、そして江津野老人の独白は、それとはちがって聞きとりノートにもとづいて再構成されたものなのだろうか。つまり文飾は当然あるにせよ、この二人はいずれもこれに近いような独白を実際彼女に語り聞かせたのであろうか。

以前は私はそうだと考えていた。ところがあることから私はおそるべき事実に気づいた。仮にE家としておくが、その家のことを書いた彼女の短文について私はいくつか質問をした。事実を知りたかったからであるが、例によってあいまいきわまる彼女の答をつきつめて行くと、そのE家の老婆は彼女が書いているような言葉を語ってはいないということが明らかになった。瞬間的にひらめいた疑惑は私をほとんど驚愕させた。「じゃあ、あなたは『苦海浄土』でも……」。すると彼女はいたずらを見つけられた女の子みたいな顔になった。しかし、すぐこう言った。「だって、あの人が心の中で言っていることを文字にすると、ああなるんだもの」。

この言葉に『苦海浄土』の方法的秘密のすべてが語られている。それにしても何という強烈な自信であろう。誤解のないように願いたいが、私は何も『苦海浄土』が事実にもとづかず、頭のなかででっちあげられた空想的な作品だなどといっているのではない。それがどのように膨大な事実のデテイルをふまえて書かれた作品であるかは、一読してみれば明らかである。ただ私は、それが一般に考えられているように、患者たちが実際に語ったことをもとにして、それに文飾なりアクセントなりをほどこして文章化するという、いわゆる聞き書の手法で書かれた作品ではないということを、はっきりさせておきたいのにすぎない。本書発刊の直後、彼女は「みんな私の本のことを聞き書だと思ってるのね」と笑っていたが、その時私は彼女の言葉の意味がよくわかっていなかったわけである。

患者の言い表わしていない思いを言葉として書く資格を持っているというのは、実におそるべき自信である。石牟礼道子巫女説などはこういうところから出て来るのかも知れない。この自信、というより彼らの沈黙へかぎりなく近づきたいという使命感なのかも知れないが、それはどこから生れるのであろう。彼女は水俣市立病院に坂上ユキを見舞った時、半開きの個室のドアから、死にかけている老漁師釜鶴松の姿をかいま見、深い印象を受ける。「彼はいかにもいとわしく恐しいものをみるように、見えない目でわたくしを見た」と彼女は感じた。

〈この日はことにわたくしは自分が人間であることの嫌悪感に、耐えがたかった。釜鶴松のかなしげな山羊のような、魚のような瞳と流木じみた姿態と、決して往生できない魂魄は、この日から全部わたくしの中に移り住んだ。〉

こういう文章はふつうわが国の批評界では、ヒューマニズムの表明というふうに理解される。この世界に一人でも餓えている者がいるあいだは自分は幸福にはなれない、というリゴリズムである。この文をそういうふうに読むかぎり、つまり悲惨な患者の絶望を忘れ去ることはできないという良心の発動と読むかぎり、『苦海浄土』の世界を理解する途はひらけない。そうではなくて、彼女はこの時釜鶴松に文字どおり乗り移られたのである。彼女は釜鶴松になったのである。なぜそういうことが起りうるのか。そこに彼女の属している世界と彼女自身の資質がある。

彼女には釜鶴松の苦痛はわからない。彼の末期の眼に世界がどんなふうに映っているかということもわからない。ただ彼女は自分が釜鶴松とおなじ世界の住人であり、この世の森羅万象に対してかつてひらかれていた感覚は、彼のものも自分のものも同質だということを知っている。ここに彼女が彼から乗り移られる根拠がある。それはどういう世界、どういう感覚であろうか。いうまでもなく坂上ユキや江津野の爺さまや仙助老人たちが住んでいた世界であり、持っていた感覚である。

即物的にいえば、それは「こそばゆいまぶたのようなさざ波の上に、小さな舟や鰯籠《いわしかご》などを浮かべ」た湯堂湾であり、「ゴリが、椿の花や、舟釘の形をして累々と沈んで」いる井戸をひっそりと抱いた村であり、「みしみしと無数の泡のように虫や貝たちのめざめる音が重なりあって拡ってゆく」渚であり、「茫々とともったように暮れ」て行く南国の冬の空である。山には山の精が、野には野の精がいるような自然世界である。この世界は誰の目にもおなじように見えているはずだというのは、平均化されて異質なものへの触知感を失ってしまった近代人の錯覚で、ここに露われているような自然の感覚へは、近代の日本の作家や詩人たちがもうもつことができなくなった種類に属する。

〈海の中にも名所のあっとばい。「茶碗が鼻」に「はだか瀬」に「くろの瀬戸」「ししの島」。

ぐるっとまわればうちたちのなれた鼻でも、夏に入りかけの海は磯の香りのむんむんする。会社の匂いとはちがうばい。

海の水も流れよる。ふじ壺じゃの、いそぎんちゃくじゃの、海松じゃの、水のそろそろと流れてゆく先ざきに、いっぱい花をつけてゆれよるるよ。

わけても魚どんがうつくしか。いそぎんちゃくは菊の花の満開のごたる。海松は海の中の崖のとっかかりに、枝ぶりのよかとの段々をつくっとる。

ひじきは雪やなぎの花の枝のごとしとる。藻は竹の林のごたる。

海の底の景色も陸《おか》の上とおんなじに、春も秋も夏も冬もあっとばい。うちゃ、きっと海の底には龍宮のあるとおもうとる。〉

こういう表現はおそらく日本の近代文学の上にはじめて現れた性質のものである。というのは、海の中の景色を花にたとえるという単純な比喩をこれまでのわが国の詩人が思いつかなかったなどという意味ではもちろんなく、ここでとらえられているようなある存在感は、近代的な文学的感性では触知できないものであり、ひたすら近代への上昇をめざして来た知識人の所産であるわが近代文学が、うち捨ててかえりみなかったものだという意味である。この数行はもちろん石牟礼氏の個的な才能と感受性が産んだものにはちがいないけれども、その彼女の個的な感性にはあるたしかな共同的な基礎があって、そのような共同的な基礎はこれまでわが国の文学の歴史でほとんど詩的表現をあたえられることもなかったし、さらには、近代市民社会の諸個人、すなわちわれわれにはとっくに忘れ去られていた。

その世界は生きとし生けるものが照応し交感していた世界であって、そこでは人間は他の生命といりまじったひとつの存在にすぎなかった。むろん人は狩をし漁をする。しかし、狩るものと狩られるもの、漁るものと漁られるものとの関係は次のようであった。

〈タコ奴《め》はほんにもぞかとばい。
壺ば揚ぐるでしょうが。足ばちゃんと壺の底に踏んばって上目使うて、いつまでも出てこん。こら、おまや舟にあがったら出ておるもんじゃ、早う出てけえ。出てこんかい、ちゅうてもなかなか出てこん。……出たが最後、その逃げ足の早さ早さ……やっと籠におさめてまた舟をやりおる。また籠を出てきよって籠の屋根にかしこまって坐っとる。こら、おまやもううち家《げ》の舟にあがってからはうち家の者じゃけん、ちゃあんと入っとれちゅうと、よそむくような目つきして、すねてあまえるとじゃけん。
わが食う魚《いお》にも海のものには煩悩のわく。〉

その世界で人びとはどのように暮らしていたかといえば、それは、江津野老人の酔い語りの中でいわれているような、「魚は天のくれらすもんでござす。天のくれらすもんを、ただで、わが要ると思うしことって、その日を暮らす。これより上の栄華のどこにゆけばあろうかい」といったありようの生活であった。

このような世界、いわば近代以前の自然と意識が統一された世界は、石牟礼氏が作家として外からのぞきこんだ世界ではなく、彼女自身生れた時から属している世界、いいかえれば彼女の存在そのものであった。釜鶴松が彼女の中に移り住むことができたのは、彼女が彼とこういう存在感と官能とを共有していたからである。

「あの人が心の中で言っていることを文字にすると、ああなるんだ」という彼女の、一見不逞ともみえる確信の根はここにある。彼女は対象を何度もよく観察し、それになじんでいるからこういえるのではない。それが自分のなかから充ちあふれてくるものであるから、そういえるのである。彼女は彼らに成り変ることができる。なぜならばそこにはたしかな共同的な感性の根があるからだ。彼女は自称「とんとん村」に住みついた一詩人として、いつかはこのような人間の官能の共同的なありかたと、そのような官能でとらえられた未分化な世界とを描いてみたいという野心を持っていたにちがいない。ところが、彼女がそれを描くときは、それが、チッソ資本が不知火海に排出した有機水銀によって、徹底的に破壊されつくされる、まさにその時に当っていた。いや、この破壊がなければ、彼女の詩人の魂は内部からはじけなかったのかも知れない。自分が本質的に所属し、心から愛惜しているものが、このように醜悪で劇的な形相をとって崩壊して行くのを見るのは、おそろしいことであった。

彼女の表現に一種悽惨の色がただようのは当然である。使われぬままに港で朽ちて行く漁船の群とか、夜カリリ、カリリと釣糸や網を喰い切る鼠たちなどという、不気味な形象が、彼女の文章のあいまに現れる。手をこまねき息を詰めるほかない崩壊感である。この作品で描かれる崩壊以前の世界があまりにも美しくあまりにも牧歌的であるのは、これが崩壊するひとつの世界へのパセティックな挽歌だからである。

しかし、もともとそれは、有機水銀汚染が起らなくても、遠からず崩壊すべき世界だったのではなかろうか。石牟礼氏は近代主義的な知性と近代産業文明を本能的に嫌悪する。しかし、それはたんに嫌悪してもどうにもならないものであり、それへの反措定として「自然に還れ」みたいな単純な反近代主義を対置してみてもしようのないことである。彼女はそういうふうにとれる不用意な言葉をエッセイなどに書きつけているけれども、世上流行のエコロジー的反文明論や感傷的な土着主義・辺境主義などが、そういう彼女の言葉にとびついて、「水俣よいとこ」みたいなことを言い出すと、彼女が描いている水俣の風土が美しいだけに、どうしようもなくなるわけである。

いったい、前近代的な部落社会がそれほど牧歌的なものであるかどうか。彼女自身ちゃんと書いている、「隣で夕餉の鰯をどのくらい焼いたか、豆腐を何丁買うたか、死者の家に葬式の旗や花輪が何本立ったか、互いの段当割《だんとうわり》はいくらか、などといったことが、地域社会を結びつけているわが農漁村共同体」と。それは、部落に代々きまったキツネモチの家柄があり、その家のものがよくできた畑の前を通って「ああよく出来ているな」と羨望を起しただけで、その当人は意識もせぬのに、その家のキツネは相手の家の者にとりついて、とりつかれたほうでは、病人をうち叩いて時には死に至らしめるような、そういう暗部を抱えた社会である。生きとし生けるもののあいだに交感が存在する美しい世界は、また同時にそのような魑魅魍魎《ちみもうりょう》の跋扈《ばっこ》する世界でもある。そのことを石牟礼氏は誰よりもよく知っている。それなのに、彼女の描く前近代的な世界は、なぜかくも美しいのか。それは、彼女が記録作家ではなく、一個の幻想的詩人だからである。

III

私は先にこの作品は石牟礼道子の私小説であり、それを生んだのは彼女の不幸な意識だと書いた。それはどういう意味だろうか。彼女には『愛情論』という自伝風なエッセイがあり（「サークル村」三十四年十二月、三十五年三月）、それに書かれた幼時の追憶は『わが不知火』（「朝日ジャーナル」四十三年度連載）などでも繰り返し語られている。これらのエッセイで、彼女は幼い時に見てしまった、ひき裂けたこの世の形相を何とかして読むものに伝えようとし、それがけっして伝わるはずもないことに絶望しているかのようである。

〈気狂いのばばしゃんの守《も》りは私がやっていました。そのばばしゃんは私の守りだったのです。ふたりはたいがい一緒で、祖母はわたしを膝に抱いて髪のしらみの卵を、手さぐりで（めくらでしたから）とってふつふつ嚙んでつぶすのです。こんどはわたしが後にまわり、白髪のまげを作って、ペンペン草などたくさんさしてやるといったぐあいでした。〉（『愛情論』）

こういう数行を読むと彼女がいかにすさまじい文章上の技巧家であるかわかるが、私がいいたいのはそのことではない。読者はこの構図を本書のどこかで読まれたはずである。

そうである。「山中九平少年」の章の冒頭、朽ちかけた公民館の中で、孫をあてがわれて、うつろな意識のなかで耳をほら貝のように不知火に向けながら、股の間にはってきた舟虫を杖の先でつぶしそこねている老人の姿である。少なくとも私には、この老人と孫の構図は、ばばしゃんと「私」の構図のひき写しのように見える。

父の酒乱が始って、母は弟を抱いて外に逃げる。父はまだ幼い娘に盃をつきつけて「お前、このおとっちゃんに、つきあうか」と目をむく。

〈「フン」、と私は盃を両手でとりました。酔っているので手許のおぼつかない父が、うまく注げなくてこぼし、へっへっと泣いています。

「もったいなかばい、おとっちゃん」

「なにお、生意気いうな」

奇妙な父娘の盃のやりとりがはじまり、身体に火がついていました。男と女、ぼんたさん、逃げている母と弟、憎くて、ぐらしかおとっちゃん、地ごく極楽はおとろしか〉

（『愛情論』）

気狂いの祖母は冬の夜、ひとりで遠出をする。彼女が探しに出ると、祖母は降りやんだ雪の中に立っている。「世界の暗い隅々と照応して、雪をかぶった髪が青白く炎立っていて、私はおごそかな気持になり、その手にすがりつきました」。祖母はミッチンかいと言いながら彼女を抱きしめる。「じぶんの体があんまり小さくて、ばばしゃんぜんぶの気持が、冷たい雪の外がわにはみ出すのが申わけない気がしました」。

これはひとつのひき裂かれ崩壊する世界である。石牟礼氏が『苦海浄土』で、崩壊しひき裂かれる患者とその家族たちの意識を、忠実な聞き書などによらずとも、自分の想像力の射程内にとらえることができるという方法論を示しえたのは、その分裂と崩壊が彼女の幼時に体験したそれとまったく相似であったからである。『愛情論』で語られているような家庭的な不幸は、近代資本主義がわが国をとらえた明治以来、幾千万というわが国の下層民たちが経験して来たことであった。だが『愛情論』の筆者が語ろうとしているのは、家庭の経済的な没落や父の酒乱や祖母の狂気という現象的な悲惨ではなく、そういう悲惨な現象の底でひきさかれている人びとの魂であった。一人の人間の魂がぜったいに相手の魂と出会うことはないようにつくられているこの世、言葉という言葉が自分の何ものをも表現せず、相手に何ものも伝えずに消えて行くこの世、自分がどこかでそれと剝離していて、とうていその中にふさわしい居場所などありそうもないこの世、幼女の眼に映ったのはそういう世界だった。

『愛情論』のテーマは男と女が永遠に出会わない切なさであるが、それは近代的な自覚にうながされたノラの嘆きなどとはまったくちがったもので、その根底には人と人とが出会うことができない原罪感がくろぐろとわだかまっている。わが国の近代批評の世界では、人と人が通じ合わぬのはあたりまえであり、そういうことを今さらしく嘆くのは甘っちよろい素人で、人の世とはそういうものと手軽に覚悟をきめることが深刻な認識だというふうに相場がきまっているが、彼女がそういうふうに落着くことができないのは、その原罪感があまりにも深く、その飢えがあまりにも激しいからである。

〈荒けずりな山道を萩のうねりがつつみ、うねりの奥まる泉には野ぶどうのつるがたれ、野ぶどうでうすく染った唇と舌をひらいて、ひとりの童女が泉をのぞいていました。泉の中の肩の後は夕陽がひかり、ひかりの線は肩をつつみ、肩の上はやわらかく重く、心の一番奥の奥までさするように降りてくる身ぶるいでした〉（『愛情論』）

こういう文章に筆者の強烈なナルシシズムを見出すことはやさしい。しかし、ここで筆者がキャンバスに塗ろうとした色は、やはり何にもたとえようのない孤独だといってよい。そして、泉をのぞきこむ童女の孤独は、彼女が存在のある原型にふれておののいていることから生れている。この一瞬は彼女に何かを思い出させる。その何かとは、この世の生成以前の姿といってもよく、そういう一種の非存在、存在以前の存在への幻視は、いうまでもなく自分の存在がどこかで欠損しているという感覚の裏返しなのである。「生れる以前に聞いた人語を思い出そうとつとめます。のどまできているもどかしさ」「ずいぶん、わたしはつんぼかもしれぬ」「きれぎれな人語、伝わらない、つながらない……」。こういう嘆きを書きつける時、彼女の眼には、そこでは一切の分裂がありえない原初的な世界がかすかに見えているのにちがいない。

人語が伝わらないゆえに、人と人がつながるかすかな回路は、狂気の老女と幼女とが雪明りの中で抱きあうという形でしか存在しえない。しかも、その時幼女は「じぶんの体があんまり小さくて、ばばしゃんぜんぶの気持が、冷たい雪の外がわにはみだすのが申わけない」というふうに感じるのである。こういう原罪感は、石牟礼氏の文学の秘密の核心を語るものである。『愛情論』の中では、ぽんたという娼婦が彼女の同級生の兄に刺殺される挿話が語られているが、彼女はその兄が「ぽんたを刺した瞬間が切ない」のであり、「ぽんたのそのときの気持を味わいたい」と感じる。いうまでもなくこれは変形されたナルシシズムであるけれども、そのナルシシズムの底には、まだ見たことのないこの世へのうずくようなかわきが存在しているのである。

『苦海浄土』は、そのような彼女の生得の欲求が見出した、ひとつの極限的な世界である。彼女は患者とその家族たちに自分の同族を発見したのである。なぜなら、水俣病患者とその家族たちは、たんに病苦や経済的没落だけではなく、人と人とのつながりを切り落されることの苦痛によって苦しんだ人びとであったからである。彼女はこれらの同族をうたうことによって自己表現の手がかりをつかんだのであって、私が『苦海浄土』を彼女の不幸な意識が生んだ一篇の私小説だというのもそのためにほかならぬ。事実、彼女は「ゆき女聞き書」において、あてどのない彼女自身の愛の行方を語っているのであり、「天の魚」において語られる江津野老人の流浪する意識は、そのまま彼女のものなのである。江津野老人の回想には、からゆきさんに売られていく娘に、自分の母が結局は生かされることはありえない教訓をくどくどと説ききかせるくだりがあるが、この哀切きわまりない挿話のたぐいの出来ごとは、それこそ彼女にとって幼時の日常であった。「ゆき女聞き書」では「うちぼんのうの深かけん」と語られ、「天の魚」では「魂の深か子」といわれる、そのぼんのうや魂の深さこそ彼女の一生の主題であり、患者とその家族たちは、そのような「深さ」を強いられる運命にあるために、彼女の同族なのである。

「ゆき女聞き書」や「天の魚」で描かれる自然や海上生活があまりにも美しいのは、そのためである。この世の苦悩と分裂の深さは、彼らに幻視者の眼をあたえる。苦海が浄土となる逆説はそこに成立する。おそらく彼女はこのふたつの章において、彼らの眼に映る自然がどのように美しくありえ、彼らがいとなむ海上生活がどのような至福でありうるかということ以外は、一切描くまいとしているのだ。

このような選択が絶望の上にのみ成り立つことができることをいう必要があるだろうか。ところが松原新一氏は、『苦海浄土』と井上光晴氏の『階級』とをくらべ、『苦海浄土』はユマニスト的なことばで統一された作品で、「崩壊して行く人間」という視点を欠いているために「階級の晦暗」に目がとどいておらず、その点で『階級』に及ばぬところがあると批評している。すなわち松原氏は、石牟礼氏が水俣漁民を美しい人格として描いているのに、井上氏は筑豊下層民の人格的破壊まで見とどけているといいたいので、これは批評家としておどろくべき皮相な観察といってよい。また松原氏は「『苦海浄土』にあっては、あの〈人間〉の破壊とは、つづめていえば〈肉体〉への加虐としてとらえられている」と評しているが、どう読めばこういう結論が出て来るのか、私はほとんど怪訝《けげん》の念に包まれずにはいられない。

なるほど『苦海浄土』は、『階級』のように対象の精神的荒廃を直接描き出す方法をってはいない。石牟礼氏自身が知悉している患者同士肉親同士の相剋や部落共同体の醜悪を、じかになまなましく描くことをしていない。しかし、地獄は地獄としてしか表現できないというのは、およそ問題にもならぬ初歩的な文学的無知である。『苦海浄土』は患者とその家族たちが陥《お》ちこんだ奈落――人間の声が聞きとれず、この世とのつながりが切れてしまった無間地獄を描き出しているのであり、そのことを可能にさせたのは、彼女自身が陥ちこんでいる深い奈落であったのである。松原氏は『階級』の視点の深さの例として、たとえば「精神病院の患者を相手に白痴の姉に売春させて金を稼ごうとする男」といったふうな、「被抑圧者同士のエゴイズムの衝突」の描写をあげているが、そういうものはそれだけとしては単なる風俗にすぎない。そういうものを事象として描いているから視点が深く、そういうものを捨象しているから視点が浅いというのでは、およそこの世に文芸批評なるものの存在の理由はなくなる。『苦海浄土』を統一する視点は松原氏がいうような分裂を知らぬ「ユマニスト」のそれではなく、この世界からどうしても意識が反りかえってしまう幻視者の眼であり、そこでは独特な方法でわが国の下層民を見舞う意識の内的崩壊が語られており、『階級』と『苦海浄土』とのどちらがよく彼ら下層民の「階級の晦暗」にとどくかは、松原氏のような粗忽な断案を許すわけにはゆかぬのである。

しかし、『苦海浄土』を、水俣病という肉体的な「加虐」に苦しみながら、なおかつ人間としての尊厳と美しさを失わない被害者の物語であるとするような読みかたは、松原氏だけではなく世間には意外に多いのかも知れぬ。それは、彼ら水俣漁民の魂の美しさと、彼らの所有する自然の美しさ以外何ものも描くまいという作者の決心が、どういう精神の暗所から発しているか、考えてみようとせぬからである。石牟礼氏が患者とその家族たちとともに立っている場所は、この世の生存の構造とどうしても適合することのできなくなった人間、いわば人外の境に追放された人間の領域であり、一度そういう位相に置かれた人間は幻想の小島にむけてあてどない船出を試みるしか、ほかにすることもないといってよい。人びとはなぜ、「ゆき女聞き書」や「天の魚」における海上生活の描写が、きわめて幻想的であることに気づかぬのであろう。このような美しさは、けっして現実そのものの美しさではなく、現実から拒まれた人間が必然的に幻想せざるをえぬ美しさにほかならない。「わたくしの生きている世界は極限的にせまい」と彼女は書く（『わが死民』）。『苦海浄土』一篇を支配しているのは、この世から追放されたものの、破滅と滅亡へ向って落下して行く、めくるめくような墜落の感覚といってよい。

しかし、そういう世界はもともと詩の対象ではありえても、散文の対象にはなりにくい性質をもっている。石牟礼氏にはうたおうとする根強い傾向があり、それが空転する場合、文章はひとりよがりな観念語でみたされ、散文として成立不可能になってしまう。彼女の世界が散文として定着するためには、対象に対する確実な眼と堅固な文体が必要である。『苦海浄土』が感傷的な詩的散文に堕していないのは、その条件がみたされているからである。昂揚した部分では彼女の文章はあるリズムを持ち、しばしば詩に近づくが、なおそこには散文として守るべき抑制がかろうじて保たれている。彼女の文章家としての才能が十二分に発揮されているのは、いうまでもなくあの絶妙な語りの部分においてであり、そこでは現実の水俣弁は詩的洗練をへて「道子弁」ともいうべき一種の表現に到達している。さらに見逃されてならぬのは、この人のユーモアの才能である。例をひけぬのが残念だが、彼女の民話風なユーモアの感覚は、どれだけこの作品にふくらみをもたらしているか知れない。「天の魚」と「ゆき女聞き書」は、才能と対象とがまれな一致を見出すことのできた幸福な例であり、石牟礼氏にとっても今後ふたたび到達することがかならずしも容易ではない、高い達成を示す作品だと思う。

水俣病の五十年

原田正純

あのときの石牟礼道子さん

一九六一（昭和三十六）年の夏。紺碧《こんぺき》の不知火《しらぬい》海は眩《まぶ》しく、はるかに見える天草の島々はこの世のものと思えないほどに美しかった。まさに浄土であった。潮の香りが心地よく、この地で人類初の産業公害の悲劇がおこったことが信じられないようであった。

わたしは、水俣の患者多発地帯のこの地を徘徊《はいかい》していた。明神岬の金子さんという家の縁側に、まだ十代にも満たない兄弟らしい二人の男の子が遊んでいた。二人とも障害をもっていて、踊るような不随運動があり、たどたどしい言葉で語っていた。

わたしは、その母親に「お二人とも水俣病ですね」と聞いた。ところが「兄は水俣病ですが、弟は水俣病ではありません」という意外な答が返ってきた。わたしは思わず「えっ、どうして」と問い直した。母親は不機嫌そうに「下の子は魚を食べていないのです。

生まれつきです」と言った。

当時、毒物は胎盤を通過しないことになっていた。なるほど、水俣病は魚を食べておこる病気であるから、魚を食べなければ水俣病にはならないという理屈だ。それで納得しようとしたわたしに、母親は「しかし、先生。この子の病気は何ですか？　漁師していた私の主人は水俣病で死にました。上の子は生まれてすぐから魚を食べさせて水俣病になりました。わたしも同じ魚を食べました。しかし、そのとき妊娠していました。それで私が食べた魚の水銀はこの子に行ったのではなかでしょうか。他に理由があったら教えてください」と真剣な目でわたしを見つめたまま訴えたのだった。この母親の真剣さに圧倒されて、調べてみようと思った。

調べてみると、この子と同じ年に、水俣病が発生した時期と場所が一致して、たくさんの脳性小児マヒといわれる生まれつきの障害児が生まれていたことが明らかになった。もし、胎盤を通過して胎児を傷害することが明らかになれば、医学上の大発見であり、若い研究者にとって大変な業績になるはずであった。そのようなわけで、わたしはその大発見のためにますます現地に通い、患者宅をうろうろと徘徊したのであった。

そのとき、わたしの後ろからひそかについてきていた女性がいた。最初、保健婦さんかと思ったが、そうでもなさそうであった。優しい眼差しがとても印象的であった。

この女性こそ石牟礼道子さんであった。道子さんと知ったのは『苦海浄土』出版の折にいくつかの医学用語の解説を頼まれたときだから、そのずっと後である。

また、当時、患者の家に行った先々で、「今、学生さんが写真を撮りに来とったよ」とよく聞いた。この学生（？）さんこそ、写真家の桑原史成さんであった。また、役所や大学で「東大の若い研究者が水俣病の資料を集めているが、彼は何をするか分からないので十分警戒するように」と言われたこともあった。この警戒人物は、当時、東大大学院在学中の宇井純さんだった。

わたしがこの三人と実際に知り合うのは、その後十年以上も後のことである。しかし、水俣病事件が重大な歴史的事件であることの確信と、しっかりとこの目で見ておかねばならないという熱い想いは、彼らと共通していた。

水俣病の発生と背景

一九五六（昭和三十一）年五月一日、水俣病は、急性激症患者の多発、しかも小児患者の多発によって発見された。確かに、水俣病の歴史は、その日から始まり、もう五十年になろうとしている。だが、水俣病はその日突然おこったものではない。それ以前にも長い潜伏期があった。

水俣にチッソが進出してきたのは、一九〇八（明治四十一）年のことであった。チッソは、いち早く欧米の技術をとり入れながらそれを独自の技術に変革し、発展させた典型的日本型企業であった。移入技術を独自のものに革新することによって常に化学工業界のトップグループを占め続けてきたのである。それは、ときに無謀ともみえるほどの、賭にも似たイチかバチかの危険な操業であったという。すなわち、多くの技術者が実用化に疑問をもっている段階で、いきなり本プラントを組立て量産化するようなことをやってのけたのである。そのような成功により、他社より早く先行技術を確立させ、日本のトップ企業としての地位を築いていったという。

戦前、戦中を通してチッソは、わが国の近代化、工業化に貢献したばかりでなく、植民地政策とも深く関わりあっていた。植民地政策が始まるや、いち早く朝鮮、満州（中国東北部）に進出した。朝鮮では、赴戦江《ふせんこう》を堰《せ》き止めて、約二十八キロメートルの大隧道《すいどう》を開き、鴨緑江《おうりよっこう》から黄海へ流れる水を日本海側に落とし、一大水力発電所を建設し、東洋一といわれた興南《こうなん》コンビナートを建設したのをはじめ、長津江ダムなど次々とダムと化学工場建設をすすめた。チッソの当時の技術は、世界でもトップレベルであったという。まさに国策企業である。

しかし、敗戦により、同社は海外資産を失い、多数の労働者とともに水俣に引揚げてきた。そして今度は水俣工場を拠点に、残された頭脳と技術に、戦後の経済復興をかけた。事実、チッソは日本の戦後の経済復興に大きく貢献した。しかし、その陰では日本で最高濃度の大気汚染、水汚染や、日本一の労働災害、職業病などをひきおこしていたのである。とくに、多くの労働者の生命と健康の犠牲は大きかった。戦後復興、経済発展という大義名分の前に、人権や弱者の命は軽視されていった。企業は人々の上に君臨し、人々もまた豊かさ、便利さ（経済発展）のためには犠牲もやむを得ないと思っていた。水俣病はこのような背景のもとに発生したのである。

最初に水俣病と診断されたのは、五歳十一ヵ月と二歳十一ヵ月の、田中さんという家の姉妹であった。その母親の話によって、隣の家でも五歳四ヵ月の女児が発病していることが分かった。驚いた医師たちは、保健所に、原因不明の中枢神経疾患が発生していることを届けた。これが水俣病の正式発見の日、五月一日であった。少し遅れて、さらに隣の家で、八歳七ヵ月と二歳八ヵ月の兄弟が相次いで発病した。両家とも海岸から数メートルのところに住み、漁業と舟大工をしていた。まさに自然の中で自然と共に生きている人々であった。

環境汚染によって真っ先に被害を受けるのは、胎児、幼児、老人、病人などの生理的な弱者であり、そしてまた、当然のことながら自然と共に生き、自然に依拠した暮しをしている人々である。このような人々は、どちらかといえば、自らの権利や意見を十分に表象できない、社会的にも少数派であり弱者であることが多い。このような者たちだからこそ被害が集中し、被害の拡大を容易にし、救済を遅らせてしまうと考えられる。わたしは、そのような現象が世界各地で共通していることを体験している。

原因と原因物質

患者の状態は、目を覆《おお》いたくなるようであった。しかし、チッソも行政も「原因不明」を理由になんら有効な対策を立てなかった。実際、不明だったのは原因物質であって、原因が魚貝類であることは、すぐに明らかになっていたのである。それだけでチッソや行政が対策を立てるには十分であったはずである。

しかし、チッソは何ら有効な対策を立てないばかりか、熊本大学医学部の原因究明を妨害さえした。行政もまた、驚くほど無策であった。これはたとえば、仕出弁当が原因で食中毒がおこり、重大な危険があるのに、弁当の中の何が原因か分からないからと言って売り続けるようなものであった。この場合、仕出弁当が原因なのだから、その中の何が原因かとか、何という細菌によるものかということは、緊急対策上の必要十分な条件ではない。熊大医学部水俣病研究班にとっては、チッソや行政の無策のため、原因物質の解明が至上命令となったのである。

この激しい重篤の奇妙な病気を前に、研究班の医師たちは懸命の努力で原因物質を明らかにしようとした。しかし彼らは同時に、チッソの内部のこと、原料、生産品、製造工程などについては、まったく無知であった。それは、あたかも外堀から手探りで天守閣を攻めるようなものであった。後に原因物質を明らかにできたことは運がよかったともいえるので、迷宮入りの可能性もあったのだ。

このとき原因物質の究明に最も近いところにいたのは、工場内部の技術者や専門家たちであった。にもかかわらず、彼らは動かなかった。後に工場内の動物実験で原因が明らかになったときも、その事実を公表しなかった。

病気の原因究明のためにはまず、臨床症状や病理所見の特徴を明らかにすることが必要であった。一九五八（昭和三十三）年になると、感覚障害、視野狭窄《きょうさく》、難聴、言語障害、運動失調が臨床症状に特徴的であることが明らかになり、死亡者の解剖によって病理学的にもきわめて特徴的な所見があることが分かった。

そこで、そのような特徴をもつ病気を求めて世界中の文献を検索した結果、一九四〇（昭和十五）年に英国のロンドンで報告された農薬工場労働者のメチル水銀中毒と特徴が一致することが明らかになった。研究班は、有機水銀中毒を疑い、水銀の分析を始めた。その結果、水俣湾のヘドロ、魚貝類、そして患者の頭髪、死亡者の臓器からも高値の水銀が検出された。また、ネコにメチル水銀を直接与えると、水俣湾産の魚貝類を与えて発病したネコ水俣病とまったく同じ症状と病理所見を示すことも分かった。そのようなことなどから、水俣病の原因物質はメチル水銀であることが突き止められた。

一九五九（昭和三十四）年十一月、熊大研究班はその結論を厚生省（現・厚生労働省）に正式に報告した。発見から実に三年六ヵ月後のことであった。

一方、熊本県は、厚生省に対して食品衛生法の適用を要請した。それに対して厚生省は、「すべての魚貝類が有毒化したという証拠がない」としてその適用を見送った。しかし、どの魚が有毒化しており、どの魚が有毒でないか分からないから、全面禁止しなければならなかったのではないか。このような無策のために被害が拡大したことは明らかである。

水俣病発見以来、急性激症の患者が減少したのは、チッソや行政が有効な対策を行ったからではなく、恐ろしくなって住民が魚貝類を食べるのを止《や》めたからである。しかし、そのため、水俣病は非典型化、慢性化してかえって見えにくくなってしまった。

人が死に、不治の病にばたばた倒れているときに、警察・検察もまったく動かなかった。それどころか、工場廃水の停止を求めて押しかけた漁民たちを逮捕して、裁判にかけた。多くの漁民たちが有罪判決を受けた。その陰でチッソはさらに生産を増大し、相変らずメチル水銀をたれ流した。そのために水俣湾内の魚貝類の水銀値は生産停止まで減少することはなかった。

見舞金契約と認定制度

原因物質が明らかになり、被害者は当然加害者に対して償いを求めた。チッソはこのとき、内部での動物実験で原因は自社であることが明らかになった事実を隠し、時の熊本県知事立会いのもと、恫喝《どうかつ》に近いかたちで一九五九（昭和三十四）年十二月三十日、患者たちと見舞金契約を結んだ。

見舞金契約の補償金は、患者互助会の三百万円の要求に対して、死者三十万円、成人は年に十万円、未成年者は三万円を支払うという低いものであった。とくに、子どもの患者の将来を考えた親たちは金額の引き上げを要求した。「運賃だって半額ではないか、せめて五万円を」という声も無視された。

さらにその契約の中には、巧妙に被害を矮小化《わいしょうか》する策動が隠されていた。それは、契約の第三条「本契約締結日以降において発生した患者（水俣病患者診査協議会の認定した者）に対する見舞金についてはチッソはこの契約の内容に準じて別途交付するものとする」にあった（傍点は筆者）。

このときから、患者の選別のための認定制度が始まったのである。いいかえれば、水俣病の医学的判断（診断）が見舞金受給資格の認定にすりかえられてしまったのである。以後の約十年間は、胎児性患者を除くと新しい患者は認定されず、この認定制度は水俣病の救済の大きな壁となってしまった。

残念ながらそのとき、被害者の側はそのことに気がつかなかった。この見舞金契約が悪質なものであったことは、一九七三（昭和四十八）年三月二十日の水俣病裁判の判決で「被害者の無知に付け込んで行なわれた契約で、公序良俗に反して無効である」とされたことからも明らかである。その後一九六八（同四十三）年の政府の正式公害認定まで、長い沈黙の時期が続いた。

その後、約三十年にもわたる長い裁判の過程で「何が水俣病か」が争われ、病像論が一つの大きな争点となったのは、このときに始まった認定制度のためである。水俣病の病像（診断基準）が初期の限られた急性激症の患者に閉じ込められてしまったことは、水俣病の歴史の中で問題解決を遅らせるばかりでなく、何よりも、実態の解明を困難にした。その壁のために膨大な時間とエネルギーが費やされねばならなかった。

当時、患者の側も、水俣病を隠蔽《いんぺい》しようとした。悲しいことだが、魚が売れなくなることを恐れた漁師や家族たちの中には、水俣病と思っても認定申請もしないまま自宅に隠れ、そのまま死亡した者もいた。このような患者は、永久に水俣病患者の数の中には入らないばかりか、水俣病の実態を明らかにできない理由にもなった。

生まれつきの水俣病？

先に、水俣病が多発した時期、多発地区に、生まれつきの脳性小児マヒといわれる患児が多数生まれていることに気づいたと述べた。水俣病と疑われながらも、子どもたちは、汚染された魚貝類を直接食べていなかったために水俣病とはされていなかった。そのために、診断も確定せず、救済も受けられず、長い間放置されていた。彼らの親たちは患児のために出稼ぎにも行けず、貧困のどん底にあった。畳もフスマもぼろぼろで家の中には家具は何一つなく、悲惨さは目を覆うような状況であった。石牟礼さんの『苦海浄土』の中の杢太郎の話や、桑原さんの写真にみられる状況はこの頃のものである。

冒頭に書いた金子さんの母親の言葉とわたしが出会ったのもほぼ同じ頃である。困り果て救済を求めて市役所へ行った母親たちは「水俣病と分かるまで何もしてあげられない」と冷たく言われた。

「いつ水俣病とわかるじゃろうか?」

「水俣病関係は保健所が管轄」と言われ、保健所に行くと「大学が研究中」と言われ、大学の先生には「誰か一人死んで解剖すると分かるかもしれない」と言われた。事実上、母親たちは誰か死ぬのを待つことになってしまった。生まれつきの患者たちには共通の症状がみられ、同じ原因による病気と考えられた。加えて、その母親たちは妊娠中に水俣湾産の魚貝類を多く食べており、家族の中に水俣病患者ないし同様の症状をもつ者が多くみられていた。生まれた場所も時期も水俣病と完全に一致しているなど、状況証拠はたくさんあった。

一九六二(昭和三十七)年の夏、一人の女の子が静かに息を引きとった。この子が解剖され、〝胎盤を通じておこった水俣病〟(胎児性水俣病)と診断されたことで、この年の十一月に十六名が同時に胎児性水俣病と認定されたのである。先の言葉どおり、誰かが死亡してやっと認定されたのである。

これらの子どもたちは、いずれも重症で学校に行けず、自宅または施設に入所していたのであるから、行政が調べようと思えば容易に調べられたはずである。にもかかわらず、今日に至るまで行政は、そのような調査は一切行っていない。わたしは現在六十四人の重症な胎児性水俣病を確認しており、四十人の疑わしい患者を把握している。この中ですでに十三人は死亡している。もっと重症な患者はおそらくわたしの調査以前に死亡していただろうから、この数とて氷山の一角であろう。

認定後、患者の家を訪ねると、母親に「おかげで補償金がでました」とお礼を述べられたので、わたしは「お金はいくらでした？」と聞いた。「三万円です」と言われた。わたしは長い間、それは年にではなく、月に三万円と勘違いしていた。

過ちは繰り返された

一九六五（昭和四十）年六月、新潟市阿賀野《あがの》川下流域に第二の水俣病が発生したという衝撃的なニュースが入ってきた。

最初、わたしはそれを信じることができなかった。それは、あれほど水俣病の原因が明らかになっているのに、チッソと同じ工程の工場が何の対策も立てないで今まで操業していたということはあり得ないと考えたからである。また、川魚をあまり食べないわたしたちには、川魚で水俣病がおこることが疑問に感じられたからでもあった。しかし、疑いもなく水俣病であり、原因工場は河口から六十キロメートル上流の昭和電工鹿瀬工場で、やはりチッソ水俣工場と同じアセトアルデヒド工場であった。過ちは再び繰り返されたのである。

ここにきてはじめて通産省（現・経済産業省）は、全国のアセトアルデヒド工場に対して、廃水を外に出さない閉鎖循環式に変更するように指導した。水俣病が発見され、廃水が疑われた一九五六（昭和三十一）年に、いや、百歩ゆずって五九（同三十四）年に水俣病の原因が明らかになったとき、あるいは工場のアセトアルデヒド工程でメチル水銀が副生していることが突き止められた六二（同三十七）年でもよい、この措置がとられていたならば、水俣における被害の拡大も、第二の水俣病の発生も、阻止されたと思われる。

新潟水俣病の発生は、あってはならないことであった。しかし、皮肉なことに新潟水俣病は、水俣に対して医学的にも社会的にも被害者運動の面でも大きな影響を与えることになった。

新潟では、原因解明が早かったため、汚染住民の健康調査と毛髪水銀調査を手がかりに水俣病の診断が進み、そのために非典型例や遅発性水俣病（摂取を中止した後も症状が進行する例）などが発見された。重症典型例だけをピックアップして一定の枠内で診断していた第一の水俣病との間に、症状の大きな差ができた。そして、そのことが水俣における病像の再検討をうながし、結果的に潜在性患者の発掘、住民一斉検診の実施、行政不服審査請求などの運動へと発展していった。

また、一九六六（昭和四十一）年、新潟で原因企業の昭電を相手に損害賠償請求訴訟がおこり、新潟の患者とその支援者が水俣を訪問し、両被害者の連帯と交流が始まった。新潟水俣病患者の訪問を受けて水俣市にはじめて水俣病対策市民会議（日吉フミ子代表）という支援組織ができた。これが水俣病の裁判提起の引き金になった。そして、六九（同四十四）年六月、水俣でも、ついにチッソを相手に二十九世帯百十二人が損害賠償請求訴訟をおこした（水俣病第一次訴訟）。

棄てられた患者たち

熊大研究班が水俣病の原因を明らかにしてから六年後の一九六八（昭和四十三）年九月になって、政府ははじめて、水俣病が公害病であることを認めた。この年の五月に日本中のアセトアルデヒド工場が稼動停止したことを考えると、それまで公害認定を待っていたとしか思えない。

しかし、この政府の公式認定は、行政の予想をはるかに超えた影響をもたらした。

実は、行政が正式に認めることは、差別と偏見に長いこと苦しめられてきた認定患者たちが待っていたことであった。また、棄てられ顧られなかった患者たちにとっては、やっと名乗りあげられる一つの条件ができたということでもあった。

一九六九（昭和四十四）年十二月に公害被害救済法、のちの公害健康被害補償法（一九七四年九月）が施行され、一九七〇年代、公害運動は全国的に昂揚期に入った。しかし、水俣では、認定は相変らず水俣病認定審査会が狭い固定的な水俣病像に固執し、申請してくる患者を水俣病と認めず棄却し続けた。

それに異議申し立てをしたのが川本輝夫さんたちの行った行政不服審査請求である。この審査請求は、審査会が「水俣病でない」としたものに反論をもって不服を申し立てたものである。双方の意見を聴取した環境庁は、認定条件のあまりの狭さに、ついに棄却処分の取り消しを裁決し、一九七一（昭和四十六）年八月に「法の趣旨に基き広く救済せよ」との次官通知を出した。この裁決によって川本さんたちは水俣病に認定された。それを契機に、棄てられた、また隠れていた患者たちが次々と名乗りを上げ、認定申請者が急増してその数は一万人を超えた。濃厚に汚染されたものは二十万人を下らないのだから当然であった。

一方、川本さんら新認定患者たちは、チッソ水俣工場の正門前に謝罪と補償を求めて坐り込んだが、進展はなかった。そのために、一九七二（昭和四十七）年二月、川本さんたちは上京して東京本社前に坐り込みを始め、直接交渉を求めた。

その一年後の一九七三（昭和四十八）年三月二十日、熊本地裁はチッソの責任を認め、患者たちに賠償金の支払いを命じた。患者たちの全面勝訴であった。この後、川本さんら東京本社前の坐り込み組は、訴訟派の患者たちと合流してチッソと長く激しい交渉を続け、補償協定を結んだ。判決の一時金千六百万から千八百万円に加えて生活保障金、医療費負担などをかち取った。そしてその協定は新認定患者にも適用されることになった。この交渉がいかに激しいものであったかは、双方に怪我人が出て、川本さんが逮捕されたことからも分かる。

この時期、四大公害裁判と呼ばれた裁判において、次々と原告側が勝利していった。新潟水俣病訴訟は一九七一（昭和四十六）年九月二十九日に、四日市ぜん息訴訟は七二（同四十七）年七月二十四日に、そしてイタイイタイ病訴訟は七二年八月九日にそれぞれ患者たちの全面勝訴となった。日本中が公害問題でわき、広汎《こうはん》な世論が公害被害者を支援した時期でもあった。水俣病に関しても、患者救済の道が大きく開かれたかのように思えた。

しかし、判決の出た一九七三（昭和四十八）年の秋、第一次石油ショックがおこり、奇跡の高度成長にかげりがみられた。そして、七三年五月に日本中を水銀パニックにした天草郡有明町の第三水俣病事件は、七四（同四十九）年六月、環境庁健康調査分科会によって否定されてしまった。この事件を契機に、行政と財界は、水俣病をはじめ公害病に対する巻き返しを画策していったのである。

救済の壁

被害者の救済の道が開かれたかのようにみえた水俣病は、認定基準を狭めることで、救済を受けられる患者の数を少なくしてしまった。そのため、二次訴訟以降は「水俣病とは何か」が法廷で争われることになった。

熊本の第三次訴訟以来、東京、京都、大阪、福岡と次々に新しい訴訟がおこり、原告数は二千人に達した。一九九六年までにすでに九つの判決が、「水俣病かどうか」に関して下されている。認定審査会の専門家に「水俣病でない」として棄却された患者の六十五・五パーセントから百パーセント、平均八十五パーセントの患者に対して、裁判所は水俣病として救済を命じた。そして、「認定審査会の認定条件が厳しすぎて救済になっていない」とも、「認定は初期の患者を対象にしたものであるから、補償金を低くして認定すべき」とも指摘した。

にもかかわらず、環境庁と水俣病医学専門家会議は基準を変更しようとせず、「裁判所の水俣病は医学的ではない」と抗弁して、次々と控訴した。

一九六〇（昭三十五）年、ネコが百パーセント死に絶えた不知火海沿岸には、二十万人以上が住んでいた（次ページの図参照）。そのうち認定された患者は二千二百六十五人であるから、わずか一パーセントにすぎない。ネコの死滅は百パーセントであるから仮に十パーセ

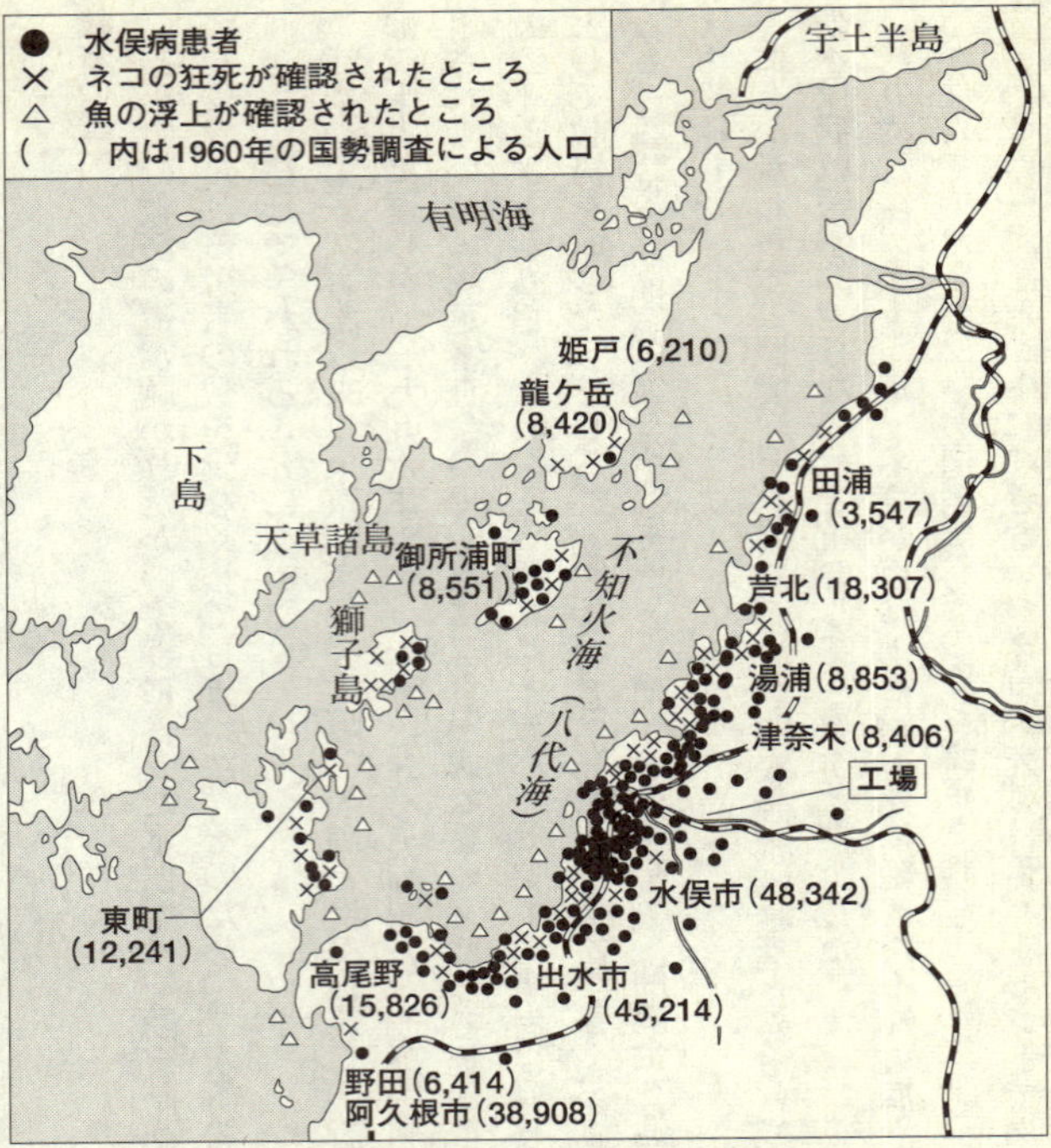

● 水俣病患者
× ネコの狂死が確認されたところ
△ 魚の浮上が確認されたところ
( ) 内は1960年の国勢調査による人口
宇土半島
有明海
下島
天草諸島
姫戸(6,210)
龍ケ岳
(8,420)
御所浦町
(8,551)
獅子島
不知火海
(八代海)
田浦
(3,547)
芦北(18,307)
湯浦(8,853)
津奈木(8,406)
工場
水俣市(48,342)
東町
(12,241)
高尾野
(15,826)
出水市
(45,214)
野田(6,414)
阿久根市(38,908)

不知火海沿岸の水俣病患者発生状況(略図)

ントの人体に影響がみられるとしても、水俣病患者が二万人いるという計算になる。さらに認定患者の半数はすでに死亡していることから考えると、現在なお一万人の水俣病未認定患者がいる計算になる。

「水俣病でない」として棄却された患者は、現在、鹿児島・熊本両県で延べ一万四千八百十四人いる。そのうちの二千人以上が裁判をおこした（第三次訴訟）。これらの患者たちこそ、まさに生き延びた水俣病患者でなくて何であろう。彼らが「水俣病ではない原因不明の神経疾患」であるという審査会の主張には、まったく説得力がない。もしそうなら、原因不明の神経疾患患者が一万人以上いるわけだから、それこそ重大問題である。判決を聞いた審査委員の一人は「医学的に判断できないものを司法が救済しようというのは結構なことです」と言った。これは救済の壁になっているのは医学であることを認めているわけである。

何が解決になるのか

一九九五（平成七）年十二月、与党三党は水俣病問題解決案を提示してきた。一切の訴訟、行政不服、認定申請をとり下げることを条件に一定の条件を満たす患者に二百六十万の一時金を支払うこと、そして健康手帳を交付して医療費、介護手当など支給すること、さらに六千万円から三十八億円を各団体に加算金として支払うこと、首相および環境庁長官が謝罪の意を表するというのが骨子である。苦渋の選択といわれながら、関西訴訟を除く各グループは和解して裁判を取り下げてしまった。

健康手帳受給のための一定の条件とは、疫学条件、すなわち、家族に水俣病がいることなど汚染された状況証拠があること、本人に四肢末端優位の感覚障害が認められるということである。その該当者は結果的に死亡者も含んで一時金受給者が一万三百五十三人、健康手帳受給者は九千六百五十六人に達した。疫学条件はあるものの感覚障害が認められなかった者（若年者に多い）には医療費と療養費のみ支給されることになった（保健手帳受給者）。その該当者は千百八十七人であった。そのいずれにも該当しなかった者が千七百八十一人いた。

この解決案をどう評価するかということは、長年にわたって法廷で問われてきた争点がどのように処理・解決されたかで決まる。その争点の一つは行政責任であり、もう一点は原告たちが水俣病かどうかという点であるが、残念ながらこの二点ともあいまいのままの幕引きとなった。

それにしても、曲がりなりにも政府が解決策を提示したのは、なんと水俣病の正式発見から四十年も経ってからである。時間がかかり過ぎた。胎児性患者もすでに四十歳をこえた。被害者たちは高齢化して次々と死亡していった。被害者たちは死ぬまで被害者であるのに対して企業の幹部や官僚は次々と交替していった。

彼らは、裁判で控訴して問題を先送りしておけばよかった。また、審議会や専門委員会などいわゆる専門家たちに下駄を預けて時間をかせいだり、国に都合のよいような答申を出させたりして（委員を選ぶのは官僚であるから）引き延ばすこともできた。こういった構造は水俣病に限らず他の公害、薬害などにみられた。したがって、構造を変革しない限り悲劇は繰り返しおこり、被害は拡大し、被害者の救済は遅れ、不十分なものとなる。

あのとき、人が傷つき、狂い、死んでいるとき、世論（国民）もまた、豊かさと便利さ（経済発展）を選択したのではなかったか。その意味ではわたしたちにも責任がないとはいえない。被害者だけにそのツケを背負わせてはならない。「負の遺産」として国民全体が受け止めなければ被害者は救われない。仮に政治的に問題が一応の決着をみたとしても、どのような幕引きが行われようとも被害者が生きている限り水俣病は終らない。そして、水俣の経験を生かすためにも「何故水俣病がおこり、被害がかくも拡大し、救済が遅れたのか」という企業と行政の責任追及は今後も続けていかねばならない。さらに、「最もミニマムな水俣病は何か」ということ、広大な汚染の被害の全貌（影響）の医学的追究はわが国の医学者や行政が世界に果たすべき責任でもある。

それらを将来に向かって追究する学問として、「水俣学」の講座が二〇〇二（平成十四）年から熊本学園大学内に開講された。この講座は水俣病の知識を広めるための講座ではない。水俣病事件にさまざまなことを映してみて何が見えるかの実験的な講座である。そのような試みを通して、「学問を何のために、誰のためにするのか」「行政は何のためにあるのか」「専門家とは何か」「わたしたちの生きざまは何か」ということまでがみえるのではないか。

そのためには、現場を大切にした、市民に開かれた、市民が参加できる学問でなければならない。

石牟礼道子さんの『苦海浄土』は、その扉を開ける最初の貴重な「カギ」である。

〈参考文献〉
(1) 原田正純『水俣病』岩波新書、一九七二年
(2) 同右『水俣が映す世界』日本評論社、一九八九年
(3) 同右『水俣病は終っていない』岩波新書、一九八五年
(4) 同右『裁かれるのは誰か』世織書房、一九九五年
(5) 同右『慢性水俣病　何が病像論なのか』実教出版、一九九四年
(6) 同右『環境と人体――公害論』世界書院、二〇〇二年
(7) 同右『金と水銀――私の水俣学ノート』講談社、二〇〇二年
(8) 原田正純編著『水俣学講義』日本評論社、二〇〇四年
(9) 原田正純・花田昌宣編『水俣学研究序説』藤原書店、二〇〇四年

〔資料〕

新日本窒素水俣工場
水俣病患者家庭互助会　紛争調停案「契約書」（昭和三十四年十二月三十日）

新日本窒素肥料株式会社（以下「甲」という）と渡辺栄蔵、中津美芳、竹下武吉、中岡さつき、尾上光義、前田則義（以下「乙」という。但し本契約において乙は別紙添付の水俣病患者発生名簿記載の患者のうち現に生存する者については本人を、既に死亡している者についてはその相続人及び死亡者の父母、配偶者、子をすべて代理するものとする）とは両当事者間に生じた水俣病患者に対する補償問題について、不知火海漁業紛争調停委員会が昭和三十四年十二月二十九日提示した調停案を双方同日受諾して円満解決したのでここに甲と乙とは次のとおり契約を締結する。

第一条　甲は水俣病患者（すでに死亡した者を含む。以下「患者」という）に対する見舞金として次の要領により算出した金額を交付するものとする。

1．すでに死亡した者の場合

㈠　発病の時に成年に達していた者
発病の時から死亡の時までの年数を十万円に乗じて得た金額に弔慰金三十万円及び葬祭料二万円を加算した金額を一時金として支払う。

㈡　発病の時に未成年であった者
発病の時から死亡の時までの年数を三万円に乗じて得た金額に弔慰金三十万円及び葬祭料二万円を加算した金額を一時金として支払う。

2．生存している者の場合

㈠　発病の時に成年に達していた者
㈠　発病の時から昭和三十四年十二月三十一日までの年数を十万円に乗じて得た金額を一時金として支払う。
㈡　昭和三十五年以降は毎年十万円の年金を支払う。
㈡　発病の時に未成年であった者
㈠　発病時から昭和三十四年十二月三十一日までの間、未成年であった期間についてはその年数を三万円に、成年に達した後の期間についてはその年数を五万円に乗じて得た金額を一時金として支払う。
㈡　昭和三十五年以降は成年に達するまでの期間は毎年三万円を、成年に達した後の期間については毎年五万円を年金として支払う。
3．年金の交付を受ける者が死亡した場合すでに死亡した者の場合に準じ弔慰金及び葬祭料を一時金として支払い、死亡の月を以って年金の交付を打ち切るものとする。
4．年金の一時払いについて
㈠　水俣病患者診査協議会（以下「協議会」という）が症状が安定し、又は軽微であると認定した患者（患者が未成年である場合はその親権者）が年金にかえて一時金の交付を希望する場合は甲の希望の月をもって年金の交付を打ち切り、一時金として二十万円を支払うものとする。

但し一時金の交付希望申し入れの期間は本契約締結後半年以内とする。

㈡、㈠による一時金の支払いを受けた者は、爾後の見舞金に関する一切の請求権を放棄したものとする。

第二条　甲の乙に対する前条の見舞金の支払いは所要の金額を日本赤十字社熊本県支部水俣市地区

長に寄託しその配分方を依頼するものとする。
第三条　本契約締結日以降において発生した患者（協議会の認定した者）に対する見舞金については甲はこの契約の内容に準じて別途交付するものとする。
第四条　甲は将来水俣病が甲の工場排水に起因しないことが決定した場合においては、その月を以って見舞金の交付は打切るものとする。
第五条　乙は将来水俣病が甲の工場排水に起因する事が決定した場合においても、新たな補償金の要求は一切行なわないものとする。本契約を証するため本書弐通を作成し、甲、乙、各壱通を保有する。

昭和三十四年十二月三十日

（中略）

了解事項
将来物価の著しい変動を生じた場合は甲、乙何れかの申入れにより双方協議の上年金額の改訂を行なうことができる。（後略）

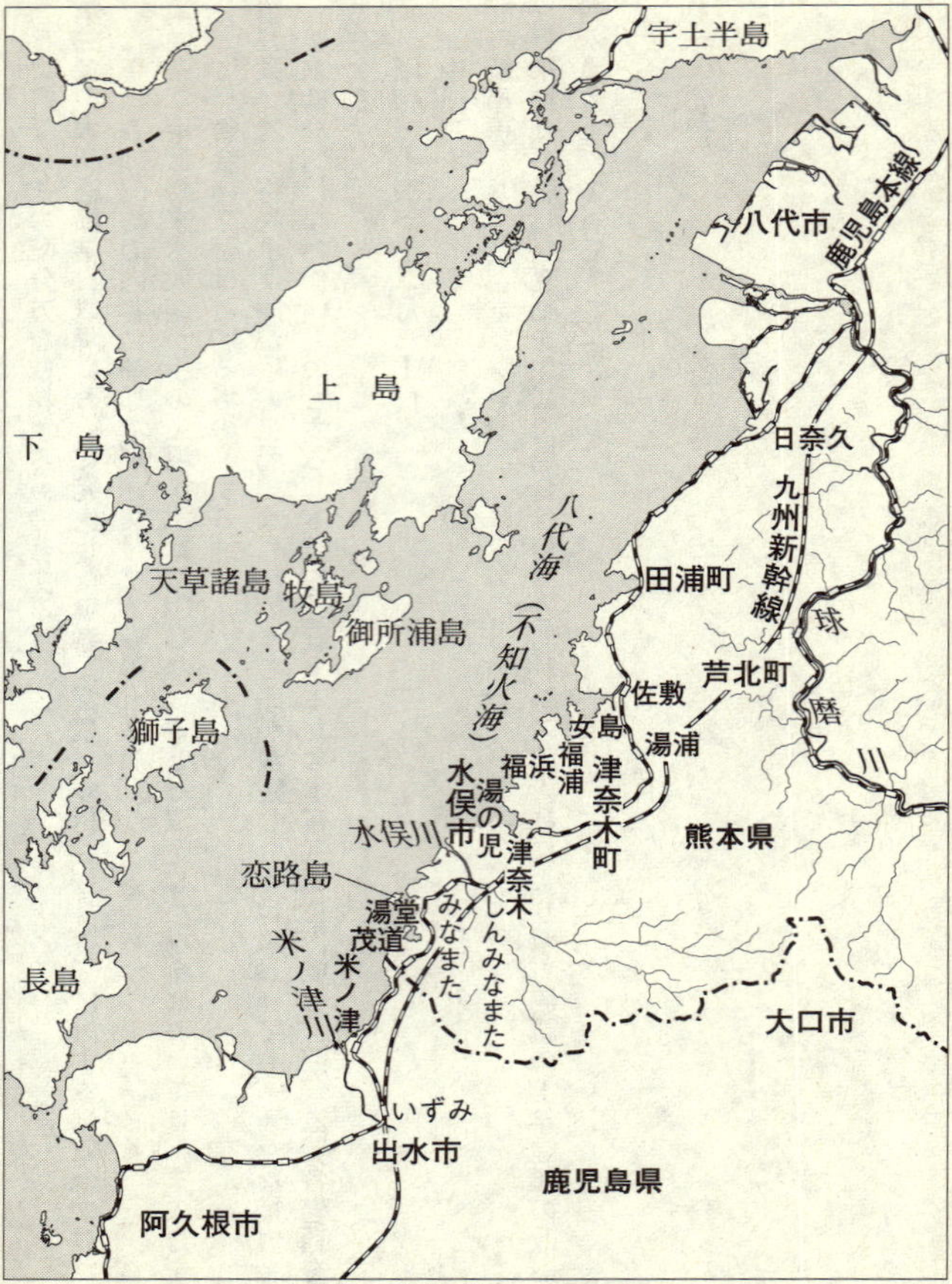

八代海《やつしろかい》（不知火海《しらぬいかい》）沿岸地域

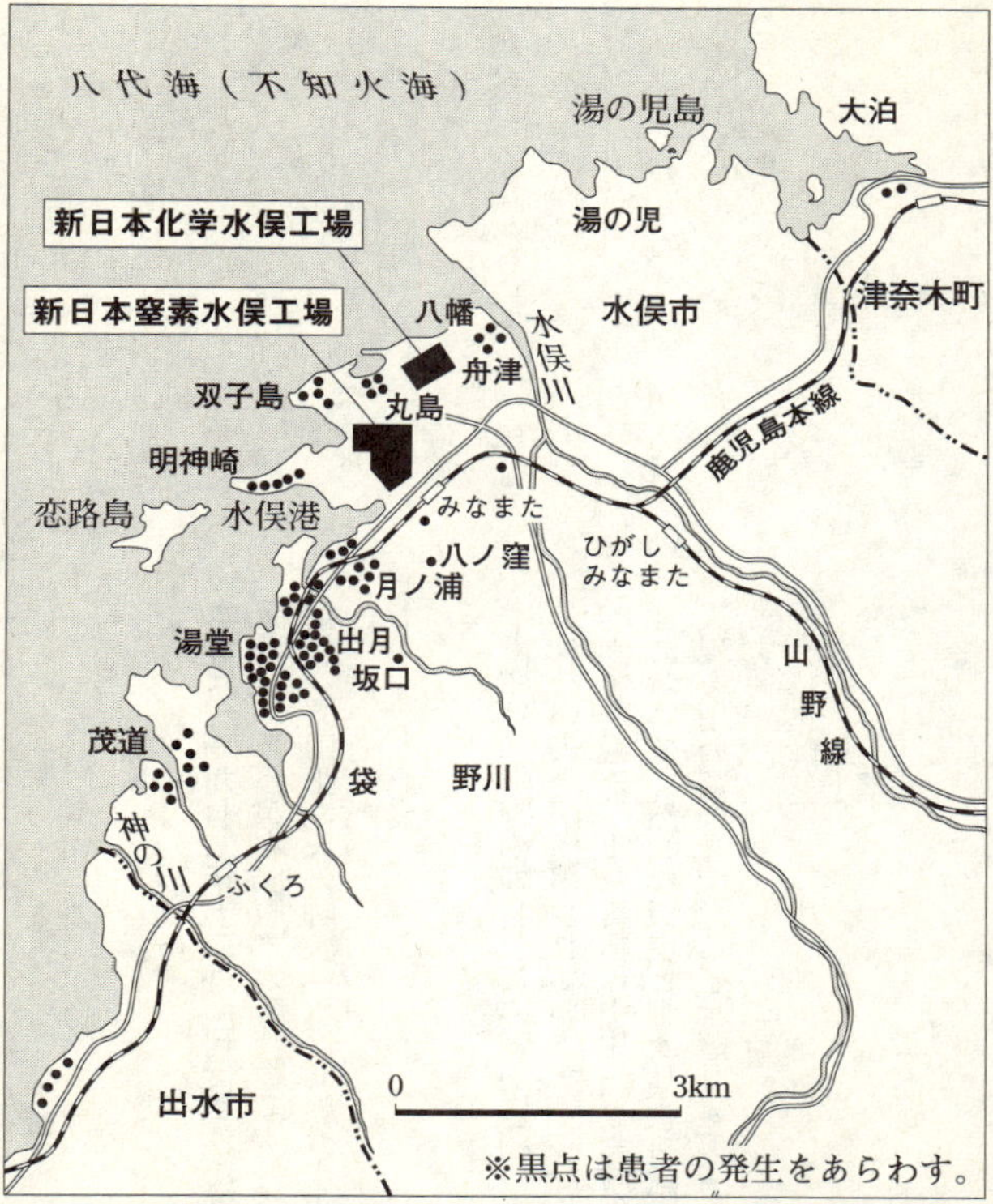

水俣病患者の発生地域（1972年、当時の地図・データによる）

本書は、一九七二年十二月に刊行された講談社文庫『苦海浄土――わが水俣病』の新装版です。新装版刊行にあたり、原田正純氏の解説「水俣病の五十年」を加えました。

本書には、障害や国名などの差別に関わる、現在では使われない表現が使用されています。しかし、作品の歴史的価値を鑑《かんが》み、また資料の引用や、当時の状況や文脈などにおいて必然的な表現と判断し、新装版でもこれらの表現を用いています。ご了承賜りますよう、お願い致します。

（編集部）

|著者|石牟礼道子　1927年、熊本県天草郡に生まれる。'69年、本書『苦海浄土』を刊行、水俣病の現実を伝え、魂の文学として描き出した作品として絶賛される。'70年、第1回大宅壮一賞に選ばれるが受賞辞退。'73年、マグサイサイ賞受賞。'93年、『十六夜橋《いざよいばし》』（ちくま文庫）で紫式部文学賞受賞。2002年、朝日賞受賞。同年、新作能「不知火」を発表。'03年、『はにかみの国——石牟礼道子全詩集』（石風社）で芸術選奨文部科学大臣賞受賞。'04年より『石牟礼道子全集　不知火』（藤原書店）を刊行。同全集において、本作に続く第2部「神々の村」、第3部「天の魚」を改稿、書き下ろしのうえ発表、完結。他の著書に『妣《はは》たちの国——石牟礼道子詩歌文集』（講談社文芸文庫、'04年8月刊）など。

新装版《しんそうばん》 苦海浄土《くがいじょうど》 わが水俣病《みなまたびょう》

石牟礼道子《いしむれみちこ》

2004年7月15日第1刷発行
2009年5月21日第4刷発行

発行者——鈴木　哲
発行所——株式会社　講談社
東京都文京区音羽2-12-21　〒112-8001
電話　出版部（03）5395-3510
　　　販売部（03）5395-5817
　　　業務部（03）5395-3615

Printed in Japan

講談社文庫
定価はカバーに
表示してあります

デザイン—菊地信義
製版———豊国印刷株式会社
印刷———豊国印刷株式会社
製本———株式会社大進堂

落丁本・乱丁本は購入書店名を明記のうえ、小社業務部あてにお送りください。送料は小社負担にてお取替えします。なお、この本の内容についてのお問い合わせは文庫出版部あてにお願いいたします。

ISBN4-06-274815-0

講談社文庫刊行の辞

二十一世紀の到来を目睫に望みながら、われわれはいま、人類史上かつて例を見ない巨大な転換期をむかえようとしている。

世界も、日本も、激動の予兆に対する期待とおののきを内に蔵して、未知の時代に歩み入ろうとしている。このときにあたり、創業の人野間清治の「ナショナル・エデュケイター」への志を現代に甦らせようと意図して、われわれはここに古今の文芸作品はいうまでもなく、ひろく人文・社会・自然の諸科学から東西の名著を網羅する、新しい綜合文庫の発刊を決意した。

激動の転換期はまた断絶の時代である。われわれは戦後二十五年間の出版文化のありかたへの深い反省をこめて、この断絶の時代にあえて人間的な持続を求めようとする。いたずらに浮薄な商業主義のあだ花を追い求めることなく、長期にわたって良書に生命をあたえようとつとめるところにしか、今後の出版文化の真の繁栄はあり得ないと信じるからである。

同時にわれわれはこの綜合文庫の刊行を通じて、人文・社会・自然の諸科学が、結局人間の学にほかならないことを立証しようと願っている。かつて知識とは、「汝自身を知る」ことにつきていた。現代社会の瑣末な情報の氾濫のなかから、力強い知識の源泉を掘り起し、技術文明のただなかに、生きた人間の姿を復活させること。それこそわれわれの切なる希求である。

われわれは権威に盲従せず、俗流に媚びることなく、渾然一体となって日本の「草の根」をかたちづくる若く新しい世代の人々に、心をこめてこの新しい綜合文庫をおくり届けたい。それは知識の泉であるとともに感受性のふるさとであり、もっとも有機的に組織され、社会に開かれた万人のための大学をめざしている。大方の支援と協力を衷心より切望してやまない。

一九七一年七月

野間省一